ブルネロ・クチネリは1953年にイタリアのカステル・リゴーネに生まれます。
人間の尊厳を大切にする夢を実現するために、
1978年に小さな会社を設立し、鮮やかな色のカシミヤを提案して市場を驚かせます。

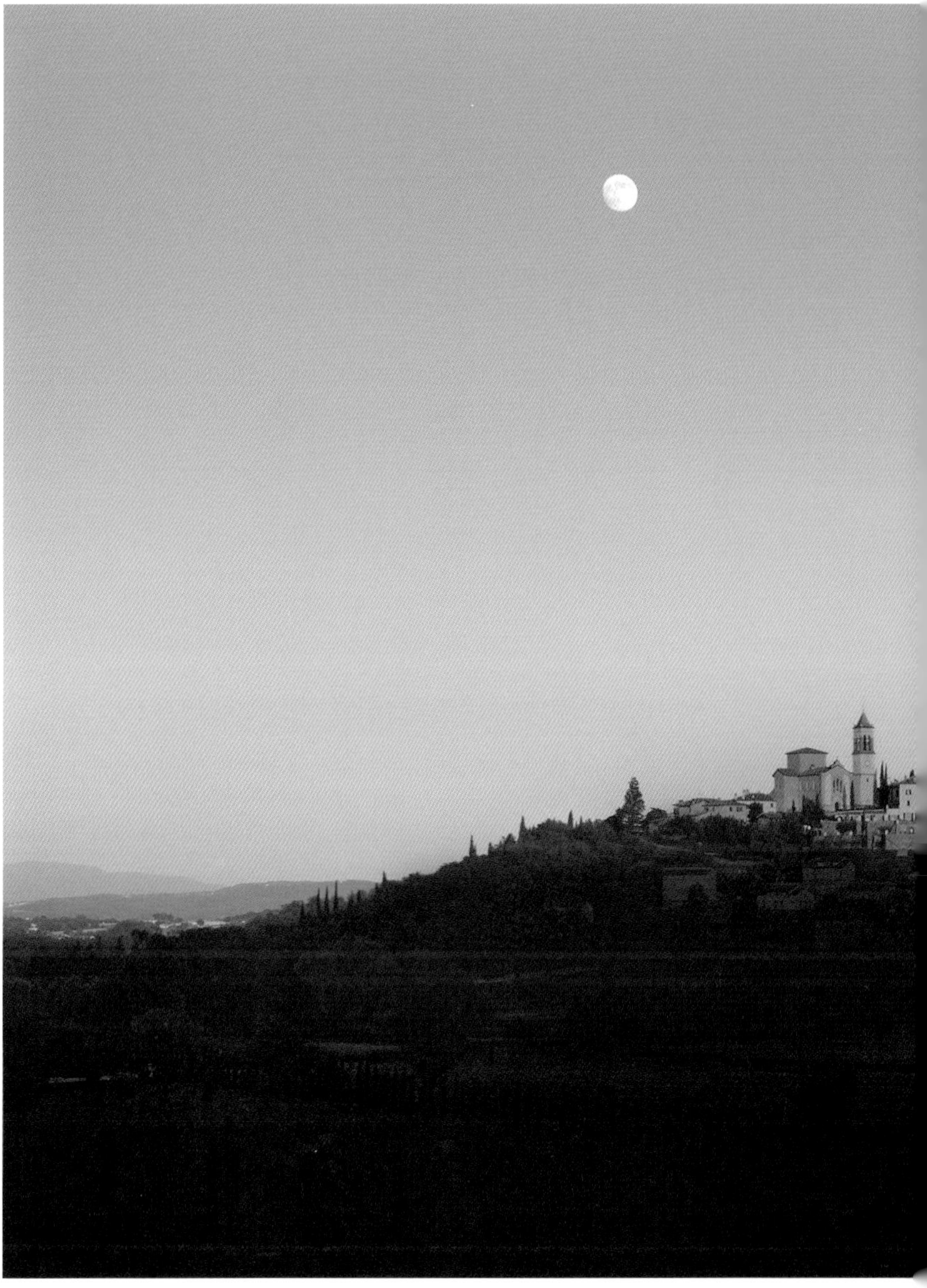

1982年、ブルネロは妻フェデリカの出身地ソロメオ村へ移り住みます。この村こそが、
ブルネロの夢を叶えるべく実業家かつ人文主義者としての成功の舞台となるのです。

1985年には、14世紀にソロメオ村に建てられ当時荒廃していた古城を購入し、そこに本社を置きました。

村の修復に伴い、ソロメオの丘には劇場、
ライブラリーなど文化に捧げられたアートフォーラムがつくられました。

ソロメオ村の中心として歴史を刻んできた聖バルトロメオ教会。
12世紀に創設されたこの教会は、ソロメオの宗教の殿堂ともいえる場所です。

若者たちが伝統や地域に脈々と受け継がれる職人技術に誇りを持てるよう、
ブルネロはソロメオ職人学校を2013年に設立しました。

職人学校はニット高度技術、カッティング、テーラリングなどブルネロ・クチネリのビジネス活動に関連する分野と、農業やガーデニング、石造建築など村の修復に結びつく分野のコースがあります。学費は奨学金により賄われ、かつ学びに集中できるよう報酬が支払われます。

MI·SENTIVO
RESPONSABILE·DELLE
BELLEZZE·DEL
MONDO
ADRIANO

AGISCI IN MODO DA CONSIDERARE
L'UMANITÀ
SIA NELLA TUA PERSONA
SIA NELLA PERSONA DI OGNI ALTRO
SEMPRE COME NOBILE FINE
MAI COME SEMPLICE MEZZO
(I. KANT)

ソロメオ村の各所に賢人の言葉があり、“美”が息づいています。

ルネサンスにインスピレーションを得て新しく築いた劇場。気品漂う内部は柔らかな色調でまとめられ、ブルネロが敬愛する偉人の彫像がやわらかい光とともに設置されています。

舞踏のアーティストが各国から訪れ公演が繰り広げられます。
野外の円形劇場では、夏にソロメオフェスティバルが開催されます。

ソロメオの谷に広がる大地を美しい庭園や農業公園としてよみがえらせる美のためのプロジェクトも誕生。
2018年に完成。

農業公園には、バッカス像を配したワイナリーを背景にブドウ園が広がっています。

産業公園には、噴水を中央にたたえた本社の新社屋が溶け込んでいます。

モニュメント『人間の尊厳に捧ぐ』の景観。

2018年「美のためのプロジェクト」完成を記念して、
世界中からジャーナリストを招き、人間の尊厳についてスピーチをするブルネロ。

BRUNELLO CUCINELLI

ブルネロ・クチネリ

A cura di Massimo de Vico Fallani

岩《いわ》崎《さき》春《はる》夫《お》
［編訳］

La mia vita e l'idea del capitalismo umanistico

IL SOGNO DI SOLOMEO

人《にん》間《げん》主《しゅ》義《ぎ》的《てき》経《けい》営《えい》

ソロメオの夢

私の人生と人間のための資本主義

CROSSMEDIA PUBLISHING

序文

ブルネロ・クチネリは、1953年、ウンブリア州ペルージャ郊外の村、カステル・リゴーネの農家に生まれました。

1978年、色鮮やかなカシミヤセーターを製造する小さな会社を立ち上げ、事業の目的を、倫理的にも経済的にも人間の尊厳を追求することと定めました。

1982年、ウンブリアの小さな村、ソロメオに移り、そこを「人間のための資本主義」を実現する場所と定めました。3年後には廃墟となっていた村の古城を買い取り本社としました。

2000年、村外れの古い工場を買い取り、そこを改修して事業の拡大に合わせた新たな生産体制を整えました。

2012年、ブルネロ・クチネリ社はミラノ証券取引所に上場しました。同年、若者たちが技術を身につけ誇りを持って働くことを願い、本社のある城の一角に職人学校を設立しました。

ソロメオ村の豊かな暮らしを取り戻すため、村を修復し、文化、芸術、人々の交流を促進するために、彼は、劇場、図書館、公園などの施設を整備しました。

人間の尊厳と自然との調和を事業の目的に掲げる、ブルネロ・クチネリの「人間のための資本主義」は、イタリア国内に限らず広く海外からも注目され、カヴァリエレ・デル・ラヴォーロ（イタリアの実業家の功績に対し与えられる騎士勲章）、ペルージャ大学人間関係哲学および倫理学名誉学位、キール世界経済研究所グローバル経済賞、イタリア共和国への貢献を称えるカヴァリエレ・ディ・グランクローチェ（大十字騎士勲章）など、数々の賞を受賞しています。

原書である『ソロメオの夢。私の人生と人間のための資本主義』は、農村生活と哲学の中に見出した人間主義的な価値を育む企業家になるという、一人の農民の夢りです。

旧市街を蘇らせ、周辺地区を高貴なものにできることを証明するという夢でもあります。

ブルネロ・クチネリは、彼独自の歩みの中で、古代ギリシャ人が謳う人間の存在を反芻し、日々その実現を探求しています。

彼の目指すものは経済と倫理の両面における人間の尊厳であり、その旅路を導くもとにあるのは、美を大切にすること、年輪を重ねた人やものと未来の世代をつなぐこと、愛のある豊かさ、本当に偉大なものは簡素であるという考え方です。

こうして自然と人間と夢への志を尊重することから「正しい労働」という概念が生まれます。これが「人間主義的資本主義」です。

文中では、過去の賢人たちとの静寂と瞑想に満ちた対話の数々や、なつかしい記憶や豊かな思索と出会う孤独の時間を大切にすることから生まれる人や自然との精神的なつながりについて綴られています。

IL SOGNO DI SOLOMEO

人間主義的経営　目次

La mia vita e l'idea del capitalismo umanistico : Contents

敬愛する日本の友人の皆さんへ

この度、私の「Il Sogno di Solomeo（ソロメオの夢）」が日本語に翻訳されることになり、大変嬉しく光栄に思います。

私が生まれ、暮らし、会社を経営するこの村は、ひとり一人の人間が大切に生命を紡ぐ場所であるという点で、皆さんが暮らしていらっしゃる土地と変わるところは何もありません。太古の昔から人類をつなぎ合わせてきた友情のしるしとして、私のこの思いを日本の皆さんに受け止めて頂けることを願っています。

皆さんの暮らす土地、洗練された繊細な風景、牧歌的な絵画、伝統ある劇場、そして独特の儀礼。そんな日本を私たちは心から敬愛しています。日本の皆さんにも、私たちのイタリアを同じように愛して頂けると嬉しいです。

皆さんのこれまで、そしてこれからの世界との関わりが、未来のすべての人々の豊かな生活を創り出す輝かしい源流となるのです。

心から感謝を込めて。

Miei stimatissimi amici nipponici,

è per me una vera gioia e un onore poter pubblicare un'edizione del mio libro Il Sogno di Solomeo in lingua giapponese. Il borgo dove sono nato e ho vissuto costruendo la mia impresa non è umanamente diverso dai vostri borghi, e vorrei che il mio dono fosse segno dell'antica amicizia che unisce i nostri popoli. Voi amate l'Italia proprio come noi amiamo la vostra terra, i vostri delicati e raffinati paesaggi, la vostra pittura idilliaca, il vostro teatro antico, i vostri riti.

Grazie di cuore, guardo a voi come a una fulgida fonte di ispirazione per tutto quello che avete donato e continuate a donare al mondo nella prospettiva di un avvenire di ricchezza che attende ogni popolo.

愛する娘たちへ

夢を描こう。その夢は、きみたちの時代だけでなく、未来のすべての人々の幸福のための夢でなければならない。

しかし、時には困難な日々が訪れるだろう。その困難は、頭では理解できても、苦しみは心を去らず、容易に拭い去ることができないかもしれない。そんな時は、ひとりで家から出て、豊かな自然に身を委ね、果てしない大空を見上げてみるといい。

悠久の自然の偉大さに、神の存在を感じるはずだから。夜になれば、きらめく星の光が傷ついた心に静けさと安らぎをもたらしてくれるから。

私は世界の美に
果たすべき責任を感じた

ハドリアヌス帝

市民の描写

14世紀 ビアダイオーロの写本の師による細密画
（フィレンツェ、ロレンツォ・メディチ図書館）

第 01 章

ソロメオ、精神の宿る村

CHAPTER I

Solomeo, borgo dello spirito

自然は神秘に満ちている。
そのヴェールは決して開けてはならない

ヨハン・ヴォルフガング・ゲーテ

夜のとばりを縫って、白色の光が、まだ暗い通りの家々をオーロラのように優しく撫でながら広がっていきます。渓谷から漂い下り、古い要塞のある丘の方角に立ちのぼる仄かな田舎の香りが、生命の息吹のように私の体内を静かに満たしていきます。

人も自然もまだ静かな眠りにあるこの時間、白い光の下をゆっくり歩く私の頭は穏やかに研ぎ澄まされ、大きな花園の中を歩いているような感覚にとらわれます。早朝のこの散策は私にとってかけがえのない大切な時間です。

経営者としての慌ただしい一日が始まる前のこの時間、緊急の用件への対処や、遠方への出張、提案や要望を伝えに次々とやってくる人々との予定にない打合せや、信頼するミケーレが日々刻々変化する仕事を的確に処理し要点を整理して報告してくれる前のこの朝の時間に、精神性に満ちた村の中を歩き、自分の心の内と対話しながら、私の心は平和な想念で満たされていきます。石ころや木々や香りの良い薔薇の花が、数々の優しい記憶を呼び覚まし、自分がたどってきた人生やこれからの自分を見つめ直すことができるのです。

ソロメオ村の中心には、深く根を下ろして枯れずに咲き続ける花のような建物が二つあります。村の歴史そのものである古城と、人間の過去や未来の出来事を象徴的に語り伝える劇場です。古城の中の小さな書斎には古い壁画があり、小窓からはソロメオ村と谷の全景が見えます。そこは私が過去の記憶をたどって着想する場所です。発想をえることは、思索を現実に応用する以上に私にとって大切な価値があるのです。

朝の散歩はいつもそこで終わります。その場所は、記憶や集中や瑞々しい驚きが交じり合って心を刺激してくれる不思議な空間で、私が日常を離れて遠い記憶をたどる唯一の場所なのです。

散歩の後はフィジオセラピーの時間です。セラピストの先生がいつも言うように、治療の目的は病気を治すためではなく、身体が自然な状態を取り戻すことです。関節の柔軟性や筋肉の弾力性を維持し姿勢を矯正します。痛みをこらえてひとつひとつの施術に身を委ねながら、先生が体の動きに合わせて繰り返す、古く新しい儀式のような言葉に耳を傾けます。

六十歳を超えた今、治療によって少年のような若い血液や活力を取り戻したいという幻想はありません。貧しかったあの頃は、青空に吸い込まれていく色鮮やかな凧を兄弟で追いかけ、午前中いっぱい走り続けても決して疲れることはありませんでした。

歳月を重ねた今は、自分の人生を織りあげた数々の運命や必然の存在を理解し、冷静に客観的に自分を見つめることができるようになりました。これまで生きてきた歳月ほど長くはないにしろ、人間の生活、倫理感、心のあり方、政治の価値観が再生された社会の実現を信じ、これまで以上に輝かしい未来へのフムス（肥沃な大地）を前進し続けることができるのです。

年齢のおかげで、事象の外面をなぞるだけでなく、異なる視点からその内部に潜む意味を読み解くこともできるようになりました。

十三歳の頃に、父の仕事の手伝いで牛に畑を耕させた記憶にも新しい意味を発見します。私は牛を使って畑に真っ直ぐ溝を掘るのが得意でした。その真っ直ぐな溝は正しい人生の道を象徴していたのだと思います。司祭になろうと短期間ペルージャの神学校に通った十代の思いは、精神の奥深さと永続性に惹かれる今の自分と繋がっています。

思春期の思い出がたくさん詰まったカフェやバール。陽気なおしゃべりやトランプのゲーム、深夜の二時に飲んだエスプレッソコーヒー、女性や政治、哲学や人間精神に対する朝まで続く果てしない議論。そうした懐かしい記憶にも新たな意味を発見します。当時は分かりませんでしたが、私にとってバールは人生や人間の知恵を学ぶ大学だったのだと思います。

こうした暮らしの中で読書や哲学への情熱が育まれました。ひとりの時はいつも読書に没頭していました。あのニッコロ・マキャヴェリが隠遁生活を余儀なくされた時期、昼はサンカッシアーノの居酒屋でワインとすごろくゲームで過ごし、夜になると書斎にこもって古代の哲人と孤独な対話を重ねていた姿に、僭越ながらも、自分を重ね合わせたりしていました。

そうして私の中で、次第に、遠い昔の楽しい記憶に新たな意味を見つけようという気持ちが強くなっていきました。妻のフェデリカを通じてソロメオ村に深い愛着を抱くようになったおかげで、愛する人とその周りのあらゆるもの、森羅万象を等しくひとつのものとして愛おしむことがいかに大切かも学びました。この愛の本質と私自身がその愛を必要としていることを心から実感しています。家族や会社と同様に、この愛こそが私の人生を支える柱のひとつになっています。

ソロメオ村は心の安らぎを取り戻す場所であり、常に心地よい場所であり、真の故郷と言える場所です。私はこの村に深い愛着を感じています。

何年も前にこの村にやってきた時、自分が幼少期や青年期に住んだ家や人生で遭遇した喜びや悲しみの入り混じった記憶などを思い浮かべました。しかし、この村はあらゆるものが美しく、そうでないものは何ひとつありませんでした。ゴーゴリにとってのローマのように、ここは私の心の故郷、私がこの世に生まれる前から私の魂が住んでいた場所だと感じています。この村の静かな佇まいは、私の村への深い愛着を育み、この村に新たな生命を吹き込み、美しい姿に整え、大切に保護したいという思いを強く抱かせました。

そして、優しく掌に包み込むように、大がかりな修復と小さな修繕作業を開始しました。漆喰の壁を塗り替え、瓦の位置をただし、建物のひさしを交換する。そんな作業を忍耐強く進めていく内に、新しい発想が浮かんできました。この村に美しい自然を取り戻し、保護しよう、村自体に生育する植物のみで街並みを美しく飾ろう。そのアイデアは後の修復作業の指針となりました。

香り立つ西洋シナ、樹齢百年を超える樫の木、敬虔な糸杉、月桂樹、オオデマリ、キョウチクトウ、ツゲ、これらの木々の足下に交互に植えられたローズマリー、ツルニチニチソウ、壁を伝って生い茂る薔薇。これらの植物が親密で優しい雰囲気を醸し出し、村の情景を彩っています。

伝統的なものとは少し違う庭園の形についても繰り返し考えました。大事な花や果実を守るために柵を作るのではなく、もっと開放的で、拡がりがあり、閉ざされていないもの。それが私の考える庭園です。

繊細な美と知性に形を与えたいという思いから、もう一つの構想が生まれました。この村で最も美しい建築作品である劇場です。

このような村の修復作業を続けていく内に、私は自分の体験したことやソロメオ村で生命を得た「人間のための資本主義」という夢を、多くの人々に語り伝えたいと思うようになりました。

回想録を書くのもありふれているので、どうすれば良いかしばらく考えあぐねていましたが、結局その形を採ることに決めました。私の歩んできた人生と人間のための資本主義という考えは、決して特別なものではないかもしれませんが、貧しい農家に生まれ、その後も農民の価値観を大切にして暮らし、実業家になる夢を実現し、人間の尊厳を守ることを目的とする経営に関心を持つ人が世の中にたくさんいる。そんな私の生き方、考え方、大切に作り上げてきた会社や村の環境には、何かしら伝えるべき価値があると思ったからです。

絶え間ない精励の中、私は常に物質的な支援や精神的な支えを数多く得ました。これについて語る時、優先順位はつけないようにしています。ただし、小さな例外として、自分を支えてくれるものとしても、それらが与えてくれる喜びの点においても書物を最上位にあげたいのです。

世の中には無数の本が出版されています。その一つひとつについて、空っぽのもみ殻か中身のある小麦かを見分けることは容易ではありません。マンゾーニによれば、書物は薬局の棚に飾られた釉薬を塗った陶器のようなものであり、瓶の外側にもったいぶったラテン語で奇妙な薬名が書かれていても、中身は空っぽということが往々にしてあります。

モンテーニュは「良い本とは難解な概念を平易な言葉で書き表したものである」と言っています。どんなに優れた作品も、そこに書かれていることは真実の一部でしかなく、すべての真実を伝えるものではありません。それでも私たちには本が必要です。本は、自分と自分以外の人間の命の声を聴き、理解し、人間の魂に触れる手段であるという点で、かけがえのない価値を持っているからです。

自分自身のことを知ることは、身近な誰かのことを知ることよりもおそらくもっと難しいでしょう。小さい頃から私は日々の出来事や感じたことをノートに書きとめ、しばらく時間がたった後で読み直すことを習慣にしてきました。この個人的な記録の一部はこの本の最後に紹介してあります。それは当然に何かをまとめようとして書かれたものではなく、その時々の私の生命の力が溢れ出たものであり、一人の人間の真実の記録なのです。

夕刻、暖炉の前で覚醒と眠りの間にある無意識の世界にまどろむ時、人間の崇高さ、寛大さ、勇気や博愛などとともに、私の視界にはたくさんの分岐した道や運命、予兆や落とし穴が浮かんでは消えていきます。その中を、細部に気を配りながら、自分の理想を信じて、大胆に、慎重に、ゆっくりと歩んで行く一人の男の姿が見えます。その人物は私自身の投影であり、人生の最後の瞬間に、宇宙のあらゆる創造物にとって自分が無用な存在ではなかったことを証明したいという、強い衝動に突き動かされているのです。

人間的に生きるという洗練された意識は、古代ギリシャ人の持っていた賢明さと言えるでしょう。「私はラテン語で統治し、ギリシャ語で思索し生きた」というハドリアヌス帝の言葉から私は強い影響を受けました。古代ギリシャの知恵に対する感謝の気持ちは言葉で表すことができません。

最後に、多少のためらいとともに、この本を若い人たちに捧げたいと思います。思い出や伝統や資本主義について書かれたこの本が、大人の読者だけを対象としていないことを奇妙に感じるかもしれませんが、これは人間の精神と感情についての物語なのです。

世界に新しい価値観が生まれ、日ごとに成長している姿が私には見えますが、その新しい価値観は語られることなしには育つことはできず、何百年もの未来に向けて生命を保ち続けることはできません。この再生を享受するのが若者でなく、いったい誰というのでしょうか。彼らには、私たちはもう十分すぎるほど負の遺産を残してしまったのですから。

六月、羊の毛刈り

16世紀、時祷書からの細密画
（Archivi Alinari）

第 02 章

幼年時代

CHAPTER 2

Anni d'infanzia

私がこの世に生まれたのは、裁くためではなく、
ましてや非難するためでもない。
私がこの世に生まれたのは、知るためである

スピノザ

振り返るとそれは魅惑の歳月でした。この地方にありがちなレンガと石造りの家は、決して立派なものではありませんでしたが、その後に住んだどの家よりも深い愛着を持って私はその幼年時代の家を思い出します。

小さい窓からはたくさんの光が差し込んでいました。冬には寒さを、夏には暑さを凌ぐ工夫が必要でした。玄関の戸を開けると、外には田舎の景色が広がり、玄関の横から二階に向かって伸びる薔薇の蔓が、毎年、永遠の若さを誇るようにたくさんの花でバルコニーを覆いました。一階には牛の厩舎があり、家の外側には当時の私にはとても大きく見えた階段が外壁に添うように二階へとつながっていました。二階には大きなキッチンと、子どもが中に入れるくらい大きな暖炉と、石造りの長椅子と、そして寝室が六つありました。

この家には祖父母、孫を含む私たち家族十三人が一緒に暮らしていました。大きな家のもう半分には別の小作人家族が住み、彼らも合計九人の大家族でした。私たちは互いにとても仲が良く、まるでひとつの家族、小さなコミュニティのように調和していました。

私が生まれたその家は、中世に起源を持つ小さな村、カステル・リゴーネから歩いて四十分ほどのところにあり、州都ペルージャまではバスで一時間ほどかかりましたが、当時の私たち家族は自家用車のような高価な交通手段は持っていませんでした。家には、電気も、テレビも、電話も、水道もなく、唯一あったのは電池式の小型ラジオだけでした。

当時のこうした環境で、私は、沈黙や日常のシンプルなものごとに見出す価値、聴く行為の大切さ、判断ではなく観察することの重要性を学びました。

三人兄弟の中で私は一番のちびっこで、その次に小さいのはいとこでした。家は広大な畑の中にあり、正面の入口はワインの貯蔵庫に繋がっていました。家の周囲は錆びた門扉のある低い塀で囲まれ、門を開閉する時はいつもギイギイと音がしました。賑やかな夜の集会が催される晩などは、その門がきしむ音を聞くのがとても楽しみで、ギイギイという音が聞こえるたびに、友人たちが新しい情報や楽しい話題を持って集まってきたことが分かりました。

私たちはとても静かで穏やかな家族で、両親が口論しているところを見たことがありません。父方の祖父のフィオリーノも寡黙な人で、赤ん坊の時にアッシジの近くである農家に拾われて、養子として迎え入れられたということでした。礼儀正しく、控えめで、善良な人物そのものであるこの祖父を私は深く敬愛していました。痩身で、時々笑顔を見せ、畑に出ると、空を見上げて、農作物を育てるのに必要なほどほどの風、温度、光や雨をもたらしてくれるよう神様に祈っていました。

この頃から私は、「人間とは」、「利益と分かち合いのバランスとは」、という重要なテーマについて考え始めていました。分かち合いは人間の心の優しさが最も表われた行為であり、与えた人も何ら失うものがない、真の正義ではないだろうか。私の思想の骨格がこの時期に少しずつ形を取り始めたのです。「息子が十歳になるまでは良き教師であれ。二十歳になるまでは良き父であれ。そして生涯を通じては最良の友人であれ」。どこで読んだかは覚えていませんが、私に深い感動を与えてくれた言葉です。

自分もいつか大人になり、結婚し、父親になる日が来るということを初めて考え、そうして自分自身の形成が始まりました。人は人生の最初の段階で自分の考えを作り上げるのだと、私は確信しています。

ここに簡単にご紹介したお話は、1953年9月3日に私がこの世に生を受けたカステル・リゴーネの家での出来事です。人生の最も幸福な時期を過ごしたその家の記憶は、寄せては返す波のように私の人生の冒険を支える力となりました。

建物はなだらかな丘の中腹にあり、頂上付近まで小麦やオリーブやぶどうの畑に囲まれていました。家のそばには大きな井戸があり、家を囲む小さな庭は常に手入れが行き届き、まるで冠を戴いているようでした。家から少し下に向かうと、そこには暗く神秘的な森が広がり、キノコや木々や野生のアスパラ、狩猟動物などが豊かな自然の恵みを蓄え、四季折々の美しい姿を見せていました。

小さな寝室には兄弟三人がごわごわの綿のシーツを被って寝ていたベッドが置かれ、部屋の入口の無垢材のドアは、古さとドア自身の重さによってヒンジがずれ、床を擦ってギイギイと音を立てました。就寝のために二階に上がる時は、家の隙間から漏れてくる外気でろうそくが吹き消されないように手をかざし、暖気を逃がさないようしっかり閉めようとしても、反り返ったドアはうまく収まってくれませんでした。

古い樫の木材でできた天井の梁は今も細部までよく覚えています。ベッドに横になり天井を行き交う太い梁を見ていると、木目や節の部分に誰かが隠れているのではないかと幻想が膨らみました。梁にはクリスマスに向けて乾燥させたぶどうの房がたくさん吊るしてあり、乾いて皺ができ始めたその粒を、寝る前に時々母がちぎって食べさせてくれました。口中に広がる甘酸っぱいぶどうの味と天井の梁の幻想はかけがえのない思い出となっています。

二階の部屋の床には階下の納屋に繋がる扉があり、冬にはその扉を開け放って動物たちの暖気を招き入れます。動物特有の自然の匂いとともに、ほんの少し暖まることができました。母と叔母は香りを付けるために手造りの石鹸をジャスミンの花と一緒に引き出しにしまっていましたが、その石鹸の香りが付いた清潔な洗い立てのリネンと動物の匂いと温もりも、とても心地良い思い出です。

夜はたくさん夢を見ました。ほとんどは楽しい夢でしたが、たまに嫌な夢を見た時は隣の部屋に行って父と母のベッドにもぐり込みました。「さあお眠り。パパとママが一緒だから何も心配いらないよ」。怖がる私に母はそう優しく言ってくれました。自分が父親になり祖父になった時には、自分も娘や可愛い孫に同じことをしようと思いました。

たまに二人の孫娘が泊まりに来て、妻のフェデリカから孫たちを眠りつける仕事を言い渡された時、私はその寝顔に向かって小さな声でささやきます。「正しい人生を生きなさい、人を大切に気にかけなさい、そして天から贈られた自然の恵みを大切に守りなさい」。私の声は孫たちの耳には聞こえていないかもしれませんが、心には必ず届いていると信じています。

六歳の頃、特に夏の時期は、朝早く起きて階下に降り、誇り高き厩舎番の叔父のトニーノと一緒に牛乳を搾りました。それから温かく泡立った牛乳を持って二階の食堂にもどり、取れたての牛乳を大麦のコーヒーに混ぜ、両親が週一回薪のオーブンで焼いてくれるパンを浸けて食べました。牛乳が殺菌されていないことなど気にする人はなく、搾りたての牛乳の独特の味わいは今ではなかなか体験できないものでした。トニーノは性格が素晴らしく、体は小さいが懐は広く、慎重に考えた後の決断は揺るぎなく、粘り強く、注意深く、そして冗談が大好きでした。

私たち子どもは家畜によく名前を付けました。名前を付けると愛着が生まれるので、彼らが食卓に登場する瞬間はとても悲しい気持ちになりました。ある年の復活祭のお祝いには、パスクアリーナ（復活祭の少女）と名付けた可愛い子羊が見事に焼き上がって現れました。その時の悲しい涙の混じったランチの味は今もはっきり覚えています。

午後は宿題の時間です。特に、心躍る夏の季節は、三人の兄弟といとこと一緒に多少憂鬱な気分で勉強しました。そんな午後に私たちを元気づけてくれたのは、お湯に浸けて湿らせたパンに砂糖をかけたおやつです。それはとても質素で特別な価値のあるおやつでした。

日が暮れると大きなアセチレンランプの光を囲んで家族が集まりました。早々と丘の向こうに陽が沈む冬場はその明かりを格別美しく感じました。食卓にお皿を並べる母の静かで優しい身のこなし、お皿に当たるグラスの音や、ナイフやフォークのチャリンという音。それは私の記憶に残る最も美しい音と映像であり、家族を象徴する厳かな儀式でした。夕食は私たちの日常の最も大事なひと時で、毎晩同じようにに繰り返されながらいつも新しく、家族全員が期待を込めて集まる時間でした。家族一人ひとりに気を配る母の愛情あふれる眼差しを私は決して忘れません。

質素な食事はぜいたくな料理に決して劣るものではなく、わずかな水と一切れのパンはその価値を知る人に大きな充足と喜びを与えてくれます。質素に生きることは健康的であるだけでなく、いつも何かが足りないと不安な気持ちになることから私たちを解放し、予期せぬ運命の嵐から私たちを守り、たまたま何かで成功してお金持ちになっても、自分の幸運を自覚して生きられるようにしてくれます。人生は、多くの場合、人々が望むほど楽なものではないのです。逆説的ではありますが、急に裕福になった人が幸せに暮らすことは、世間一般に考えられているほど簡単ではありません。

食前にはいつも感謝と祝福の祈りを捧げました。祈りは太古の時代からの人間の伝統であり、生きる上での心の支えとなります。一日、四季、一年。それぞれの区切りに教会の鐘は人々の生活と調和して美しい音色を奏でます。私たちの農場は村の教会から少し離れていましたが、風向きが逆の時も鐘の音は常に聞こえてきました。嵐が近づくと、畑にいた私たちは教会の警鐘を聞いて急いで家に戻り、「神様、どうかひょうを降らせないで下さい」と必死に祈りました。ひとたびひょうが降れば収穫の季節は終わり、時間をかけて大切に育ててきた作物はすべて台無しになってしまうのでした。

沈黙と瞑想と祈りによる宗教的な精神生活への私の憧れは、おそらくこうした人間の力の及ばない聖なるものへの感覚から生まれたのだと思います。精神との対話を求めて私は日々の生活の中にできるだけ一人で過ごす時間をつくるようにしています。それははるか遠くの愛しい大切な友人たちと再会する時間なのです。

先ほどお話したように、物理的にも象徴的にも人は明るい火の周りに集まります。古代の国勢調査の記録では、火は家族の単位を示す言葉としても使われていたようです。

私たち家族の食卓は会話が比較的少なく、言葉と言葉の間には長い沈黙がありました。それでも皆の気持ちはひとつで、子どもたちに向けられた両親のまなざしは愛情に満ち、両親もまた子どもたちが同じ気持ちでいることを望んでいました。

人間と祈りは心の奥深いところで繋がっており、つまり精神性への慕情であり、その気持ちはクリスマスを迎える頃に一段と高まります。クリスマスの期間に人々の心を満たす宗教心はとても喜ばしいものです。チョコレートやオレンジ、おもちゃがジュニパーの低木で作ったツリーに吊り下がっている様子はとても魅力的なものでした。サンタがやってくる晩の翌朝はまだ暗い時間に起き、ろうそくの明かりの下で、暖炉の横に置かれた贈り物をつま先立ってのぞき込みました。幼い私はすべてを信じており、疑いを知らないことはこの上ない喜びを与えてくれました。そして6歳の時、サンタがこの世にいないことを知って、少し寂しい気分になりました。

その頃、伯父のカンディドが、仕事で移住していたフランスから妻といとこのマッシモを連れて戻ってきました。長旅を終え疲労困憊の様子で到着した叔父は、フランスの小さなお土産をたくさん持って帰ってきてくれました。見たことのないものばかりのそのお土産に私たちは興奮しました。陸軍准尉であったもう一人の伯父のオルランドも妻といとこのマリア・ルイーザと一緒にカンディド一家に会いにやってきて、それから一週間は、仕事を休み、ひたすら食べ、トランプをして遊ぶ、最高に楽しい時間を過ごしました。

新しいものや奇妙なものすべてが子どもたちの関心の対象でした。時々トランプに加えてもらいましたが、それは子どもたちにとって大人に負けない技量を持っていることを示す絶好の機会でした。大人とのトランプはいつも真剣勝負で、自分たちが重要な存在であることを感じることができ、ゲームの合間には大人たちの会話に興味深く耳を傾けました。何か新しいことや珍しいことを知りたくて仕方がなかったのです。

楽しい一週間が過ぎ、それぞれが家に帰らなければならない時が来ると、幸せだった空間にもの悲しい雰囲気が漂ってきました。さよならを言う時には皆の目が少し潤んでいたことを思い出します。

伯父の移民話は私に特別な影響を与えました。私は、彼のつらい経験を聴いて、人は望むなら自分が生まれ育ち人格を形成したその土地の精神や、習慣、匂いとともに生きて行くことができるべきだと考えるようになりました。それができないとしたら人生は何とつらいことでしょうか。

オルランド伯父さんはいかにも軍人らしい人でしたが、いつも笑みをたたえ、礼儀正しく、控えめで、怒りを知らない人でした。教養豊かな人物として親戚の中では一目置かれていましたが、残念なことに若くして亡くなりました。いつも優しく子どもたちに関心を寄せてくれ、私には「君はすごいエンジニアになるぞ、有名になる」と陽気な雰囲気で繰り返し言ってくれました。

数年前、いとこである彼の娘が会いに来て、伯父の蔵書の中から私が生まれた年に出版されたプラトンの「饗宴」を見つけ出し、贈り物として持ってきてくれました。その本はボロボロになるまで読み込まれ、至るところに赤い線が引かれていました。人類の最高傑作とも言えるこの作品に叔父がいかにして関心をもつようになったのか、その理由は私にはわかりませんが、つい最近この本を読み返して、昔伯父の心を揺り動かし、今私の心に深く刻まれる不朽の言葉の数々に改めて深い感動を覚えました。オルランド伯父さんの温かい性格は私の母によく似ていました。

母は穏やかで寛大で深い信心を持った人でした。残念ながら長生きはしませんでしたが、晩年には私の家の向かいに引っ越してきてくれ、すぐ近くで一緒に過ごすことができました。

子どもだった私と母の間には微笑ましい共犯関係のようなものがありました。夜、暖炉の前でろうそくの明かりの下で、宿題の「狂えるオルランド」や「ニーベルンゲンの歌」の一節を暗記しなければならなかった時のこと、私の横で母がテキストを読み、私はそれを繰り返し暗唱していたのですが、私の疲れた様子を見た母は「今日はもうおやすみ。朝になればきっと暗記できているから」と言ってくれました。母の記憶の中でもそれはとても心に残る思い出です。

母はいつも人類の未来を気にかけ、必要な人には誰でも援助の手を差し伸べ、家族を愛し、特に私には深い愛情を注いでくれました。二人の兄たちは十四歳で働き始めましたが、私は親戚たちから一族の未来のためにと期待をかけられ、勉強を続けていたからです。共感、優しさ、愛情が人間の一番大切な資質であることを私は母から学びました。

現在九十六歳になる父のウンベルトは、兄弟の中で一番体格が頑強だったので、体力のいる仕事を受け持っていました。人生に向き合う勇気を持ち、飾りのない性格の父を私は深く尊敬していました。実直で、素朴で、やや不愛想で、いつも子どもたちに向かって「まともな人間になるんだぞ。言ったことを守れないのはろくでもない人間だ」と言っていました。

今では多少反省していますが、子どもの頃は同じ話を何度も繰り返す父に対し悪意のある言い方で非難したことがありました。そんな私に父は、「お前はソロメオ村で一番大きい墓に入りたいのか」とか、「借金は日曜日も働いていることを忘れるな」とか、人生の指針となる言葉を残してくれました。また、父が涙を流した姿を見たのはほんの数回しかありませんが、その時の父の涙からも人生についてたくさんのことを学んだ気がします。

夕食後の夜の時間には両親の子どもたちへの祝福が待っていました。寒い冬は毛布の下で寄り添いながら母が近づいてくる足音に耳を傾け、「神様の祝福がありますように」という希望の言葉を待ちました。そして母が私たちの額にそっと手を添えてくれると、それは子どもたちにとって毎日の大切な行事になりました。

動物と一緒に畑を耕したことも良い思い出です。前にも触れたように私は牛を引く役で、父は後ろで鋤を操作する役でした。牛を引いて畑に真っ直ぐ溝を作る作業が私は誰よりも得意でした。作業が終わると、父は、私と牛が引いた溝の跡を注意深く確認して「とても上手だ。真っ直ぐだ」と言ってくれました。真っ直ぐなことがなぜそんなに大事なのか尋ねると、父からは「その方が美しいから」と明快で素朴な答えが返ってきました。

私は耕具の鋤が好きで、その磨かれた鋼鉄の輝きに小麦やパンや人間の生命を象徴するものを感じていました。日々の労働と美しさはこのように一体化している。そう考えることが私は大好きでした。

私たちの農場はあまり大きくありませんでしたが、隅々まで手入れが行き届き、まるで庭園のようでした。清潔と秩序を重んじる私たち家族の価値観はその後もずっと私の人生の支えとなっています。「あなたの家の玄関の前がきれいなら、あなたの街はきれいになる」、「私たちが受け継いだよりも美しい街をあなたたちに残すことは、私たちの義務である」。これは古代ギリシャ人の素晴らしい言葉です。ずっと後になって、十七世紀イギリスの詩人、アレクサンダー・ポープも「秩序は天国の第一の法律である」と言っています。

叔母のジネッタのこともなつかしく思い出します。彼女は私が知る中でおそらく誰よりも穏やかな性格の女性でした。彼女は不幸にも幼い息子を亡くし、その死に心を引き裂かれて以来、ずっと来世のことを考えながら生き、よく私たちに最愛の息子の話をしてくれました。強い信仰心を持ち、決して悪い行いをしないよう自らを律して生きていました。そして彼女の教えはいつも的を射ていてたくさんの示唆を与えてくれました。

とても端正な顔立ちの彼女の息子は六歳の時に結核を患いました。病院の診断結果は大きな衝撃でした。つらい入院生活を数か月送った後、彼は末期の状態で叔父の腕に抱かれて帰宅しました。

主治医は最後の瞬間まで何とか助けようとしてくれましたが、必要な薬は馬を駆って二時間もかかる遠くの町まで行かないと手に入りませんでした。私の父がためらうことなくその役を引き受けました。疲れ果てて帰宅した父、わずかな希望で必死に馬を駆った父の疲労困憊した姿を今もつらい気持ちで思い出します。父が持ち帰った薬は、すぐに注射されました。苦しみとわずかな希望を抱いて皆が見守る中、その日の午後、小さな魂がこの世を旅立ちました。その瞬間の家族全員の心の痛みはとても言葉にできません。

ジネッタ叔母さんからは現世と来世の関係を学びました。その影響で私は人間の魂が不滅であることを確信しています。同じ苦しみを経験したセネカの言葉はまるで叔母の人生に捧げられたものであるかのようです。

親愛なるルキリウスよ、それゆえ私たちは考えよう。悲しくも彼が辿り着いた場所にいずれ私たちも到達することを。そしておそらく、賢者の言うことが真実なら、目の前からいなくなった友人や、愛する人、そして私たちすべてを喜んで迎えてくれる場所がどこかにあり、彼はただ、私たちよりも早くそこにたどり着いたにすぎないのだということを。

冬になると自然も人間も時間がゆっくり流れるようになります。人々は家にこもって暖かな火の周りに集まり、時々家は雪にも閉ざされます。自家製のポレンタ、栗、おいしい赤ワイン、風味豊かで新鮮なオリーブオイル、豚肉など、滋養に富んだ夕食が私たちを待っています。肉はいつでも食べられるように保存してあります。一日がゆっくり過ぎる冬の間に私たちは来るべき春と夏に向けてエネルギーを蓄えます。

冬は思い出や家族の歴史について話す時でもあります。子どもたちは暖炉の炎にこもった空気でぼんやりしつつ、家族の物語に興味津々に耳を傾けます。家族の歴史は記憶に刷り込まれ、想像の世界で英雄たちの冒険譚へと発展し、何代もの子どもたちに繰り返し伝えられる中で、いつしか本物の家族の神話へと変貌していくのでした。

冬の終わりは待ち望んでもなかなかやってきませんが、それでもいつもより早く春の兆しが訪れる年もあります。まだ二月のいつもながらの冬の朝、家の窓を開けて外気に包まれた時や、学校に行くために家を出た時に心なしか空気が甘く感じられ、昨日までコートで防いだ寒風がなつかしくも新鮮な香りを含んで繊細に私たちの顔を撫ぜていきます。ナイチンゲールの小鳥たちもいつもより早く囀りを開始し、時おり四月のような太陽が差し込むようになり、一日ごとに氷が溶け出し、湿った草が結晶の滴できらきらと光り始めます。このように田舎の暮らしは季節の変わり目が混ざり合い、壮大な合唱団が自然の息吹を奏でるような本当に美しいものでした。

そして間もなく春が訪れ、動植物が生命を目覚めさせます。一日が長くなるにつれ体は次第に熱を帯び始め、走り出したい欲望を抑えられなくなります。温暖な季節が到来して木の芽が田舎の香りを包んで赤く膨らみ、花々が繊細に開花を始める前から私たちは心の中で春を感じ始めます。

私たちの生活に夏のバカンスはありません。十三歳の時、初めて海を見るまで、海がどんなものかも知りませんでした。それでも夏になると学校が終わることが私たちには何より重要で、それだけで十分でした。光輝く夏の季節には学校に行かずに太陽の下でやるべきことがたくさんありました。小麦の収穫、脱穀、落穂ひろい、そして最初のぶどうの房が熟し始めます。夕方には辺りに静寂が漂い、陽が沈んだ後の地表から田舎の香りが心地よく立ち上ってきます。しかし猛暑がたちの悪いいたずらを仕掛けてくることもありました。

ある晩、皆がすでに眠りに落ちていた時、隣家の干し草が燃え上がり、それに気づいた人たちの興奮した叫び声で目が覚めました。熱風で燃え上がる炎を鎮めるために大人たちが水の入ったバケツを持って走り回る姿が見えました。ようやく火を消し終わった時にはすでに夜が明けかかっていて、すべてが灰と化した光景に私たちはただ呆然と立ち尽くしていました。とても悲しい一夜でした。

納屋の干し草は家畜用の敷き藁であるだけでなく、不作で家畜に十分えさをやるのが難しくなった時に、藁に混ぜて飼料にもします。不幸な隣人のために皆が自分たちの藁や役に立つものを提供しました。人間の強さや生きる意欲はこのように互いに助け協力し合う連帯感から生まれてきます。「災難にも魂がある」というアリストテレスの言葉は実際に存在するのです。

八月も終わりに近づくと夏の力は次第に衰えていきます。空になった栗のいがが枝から落ち白い土埃の地面を叩くのを見て、私たちは夏の終わりに気づきます。数ヶ月の暑さの後に訪れた秋は豊かな色彩と新鮮な冷気で人々を魅了します。季節はそれぞれに異なる性質と恵みを持ち、去りゆく季節との対比でそれぞれの魅力が明らかになる。善人が悪人との対比で一層善人に見えるようなものだと祖父のフィオリーノは教えてくれました。

父方の祖父、フィオリーノが七月のある晴れた日に突然心臓発作で亡くなった時、彼はまだ六十七歳で私は十歳でした。突然襲った悲しみにうろたえながら落ち着きと威厳を保ち続けた両親と叔父の姿が印象的でした。初めて父が泣く姿を見て普段の厳格で自制的な父とは対照的な様子に衝撃を受けました。伯父のカンディドも葬儀に参列するためにフランスから戻ってきました。初めて人の死を体験した記憶は決して消えることがありません。

苦痛に直面した時、人は、威厳ある行動とは何かを理解します。セネカはこう言っています。

亡くなった人たちについては楽しいことだけを覚えておこう。つらく悲しい出来事を喜んで思い出す人はいない。かつて愛し、亡くした人々の名前を思い返す時、あなたの心に激しい痛みが生じることは避けられないが、そこには優しい記憶も含まれているはずである。古代マケドニアの将軍アッタロスはこう言っている。「死んだ友人の記憶は心地よい酸味を含んだ甘い果実のようである。古いワインも時が経てば苦みが消えて行くように、記憶に苦しみをもたらす要因も時間とともに薄まり、純粋な喜びに取って代わるのである」。

祖父のフィオリーノは戦争の話をするのが好きでした。祖父の戦争話はいつも人間の物語であり、重たいテーマにもかかわらず時おりユーモアを交えて話してくれました。悪意や残酷なエピソードはなく、どんな過酷な状況にも適応する人間の能力についての逸話ばかりで、時間の経過とともに限りなく懐かしい記憶に変わっていました。戦場で水がなくなった時、仲間の兵士たちと馬の小便が混じっているかもしれない水たまりの水を飲んだ、という話も聞きました。

祖父の戦争の話には銃の話も死の話もありません。彼の戦争とは敵兵との間でさえ生まれた友情の物語であり、その冒険話を聴くととても誇らしい気持ちになりました。今は私も同じように、ソファに座ってヴィットリアとペネロペの二人の孫娘に自分の青春時代のことをおとぎ話のように語っています。

日曜の午後には祖父は私を村のバールにトランプをしに連れていってくれました。それは私にとってお祭りのような楽しみでした。祖父はバールに行く時はいつも、洗い立ての純白のシャツに濃色のジャケットとズボンを組み合わせたおしゃれないでたちをし、当時八歳くらいだった私は祖父の隣に座って、カードを数えながらゲームの研究をしていました。祖父は帰り道にその日成功した手と失敗した手を説明してくれました。私はトランプが大好きになり、確率の分析という点でゲームの研究はその後のビジネスに役に立ちました。トランプをする時、私はいつも周りの様子を注意深く観察し、好奇心は飽くことを知りませんでした。

もうお分かりいただいたかもしれませんが、私たち家族は小さな平和維持軍のような集団で、一人ひとりが伝統としきたりに忠実に決められた仕事を担っていたのです。祖母と母は家事と夕食の世話をし、父は暖炉にくべる木を切り、石炭のかごを持って庭と家を数えきれないほど往復し、体が少し弱かった叔父は動物の世話をしました。誰もが自分の体力に合った役割を果たすというのは素晴らしい方法です。いとこのヴァルテルと私は同い年で親戚たちの中で最年少だったので、母と部屋の片付けやオリーブの収穫を手伝いました。

オリーブの収穫では私は特別の才能を発揮しました。がりがりに痩せていた私は木によじ登っても枝が折れないので、簡単に一番上までたどり着くことができたのです。家の周りのうさぎや、鶏や、子羊などの世話も私の仕事でした。一日をほとんど一緒に過ごす小さな動物たちを好きになるのは当然で、私は一生懸命彼らを守り、可愛がり、汗をかいた鼻からハエを追い払いました。

子どもたちは大人にほめてもらいたくて皆自分に与えられた仕事を必死にこなし、それぞれが自分の役割に誇りを持っていました。叔父たちは時々私にトランプや、数学や、歴史について聞いてきました。善良な彼らは私を他の子どもと何か違う少し特殊な存在と見ていたのだと思います。

掘っ立て小屋でとうもろこしの皮をむきながら過ごした夜や小麦の収穫など、農場での仕事にはいつも何がしかの喜びがありました。集めて束になった麦の穂は日没になるとかぐわしい暖気を放ち、すっぽりと黄金色に染まりました。脱穀の作業はベルト付きの大型トラクターにつないだ機械で行います。巨大なその機械は子どものの目には恐ろしい代物のように見え、私たちの恐怖と想像をかきたてました。脱穀の作業は、壮大な叙事詩のようなイベントとして記憶に刻まれています。

収穫の準備は一週間前から始まります。近くの農場から農民たちが手伝いに来て、その次は私たちが交代で彼らの収穫の手伝いをします。多い時は五十人くらいになるので女性たちは朝九時に大量の朝食を準備します。仕事は毎朝五時に始まり、朝食を挟んで正午まで続きます。昼食には自家製パスタと肉料理が用意され、数時間休憩を取った後はまた日没まで働き続けます。

収穫の最終日の夜は大宴会が開かれます。盛大な食事で、皆で収穫を祝い、ダンスを踊り、若者たちは無邪気に愛を語り合います。それは農家にとって一年で最も重要なイベントで、特に豊作の年は格別喜びが満ちあふれます。刈り取った小麦は腐らないよう乾燥した納屋の三階で保管します。この小麦が冬の間パンやパスタになって私たちを楽しませてくれる。そんなことを想像すると安心と期待が混じって幸福な気持ちになるのでした。

労働でえたものを時間がたった後で楽しむ、享受することで、労働の成果の価値は一層高まります。現代の慌ただしい生活はゆっくり時間をかけて少しずつ楽しむという行為から生まれる価値を減じてしまっています。少し前に、樫の苗木を植えていた庭師が、将来その木が大きく育って涼しい木陰を提供してくれる時には自分たちはこの世におらずその涼しさを味わうことはできない、という話をしていました。しかしその木を植えるのは未来の人々の生活を豊かにするためであり、将来への投資であることに価値があるのです。

一度に全部を手に入れるとその対象が潜在的に持っている価値を減じてしまいます。制限のあることは貧しいことではなく、制限があることによって想像力が刺激され、創造性が生まれるのです。目を閉じることによって目を開けている時には見えないものが見え、すべてを見た時に未知であるがゆえの魅力や価値は消えてしまうのです。

最初に冷気を感じ始める頃にぶどうとオリーブの収穫が始まります。一年の締めくくりであるクリスマスに向けて雇い主である農場の所有者と収穫の取り分を交渉するのは、非常に重要なイベントでした。この交渉は祖父と叔父のトニーノが担いました。その間、家に残った者たちはその年の収穫を振り返って、小麦は良かった、オリーブもまあまあだ、雇い主はどう言うだろうなどと話をしながら交渉の結果を待ちました。結果が芳しくなかった時は、戻ってきた伯父と祖父は具体的な数字を言わず、「今年はとても順調で良い年だった。来年はもっと良くなることを期待しよう」と言いました。

でも私はお金がないことなどあまり気にしていませんでした。小麦は農家の生活そのものであり、農場の価値は収穫された小麦の量によって決まります。家族が皆収穫に満足しお金についてはあまり考えなかったのは私には嬉しいことでした。欲を張らず適量で満足するという考えが私は大好きです。

十二月も半ばを過ぎ自然が活動を停止して大地が休息に入る頃には、冬場の食用にオリーブオイルとワインを備蓄し、豚の屠殺を行います。私たちの労働の果実、祈り、そしてここでも、静寂が私たちに友のように寄り添っていました。なんとも魅惑的な記憶です。

農村の生活は自然と協力して神の祝福と豊穣を呼び寄せ、共同体の努力を天の好意によって支えてもらうという点で、さながら古代の儀式のようなものでした。トルストイの描く農民が世界との調和に喜びを見出したように、私も自分の思い出に同じ喜びを見出します。農家の仕事は戯れのような自然と神との共同作業です。自己に向き合い、次の世代の子どもたちのために皆で作り出したものを保存し、更新し、改良し、伝承していく。そんな農民の素朴な共同体はおそらく最も純粋な民主主義と言えるでしょう。

十月になると学校が再開します。朝、家を出る時、両親は私の額にキスをして「天使様のご加護がありますように」と言ってくれます。その言葉は一日中私を安心な気持ちにさせてくれました。今、多少恥じらいながら孫たちにキスをする時、私は低い小さな声で同じ祝福の言葉をささやきます。

学校は村の集落にありました。通学路には冬場泥だらけになる区間があったので、学校には長靴を履いて通いました。村に到着したらその長靴を脱ぎ、ちゃんとした靴に履き替えてから教室に入りました。寒さで目が赤くなり両手は凍り付いた状態です。毎日の通学は霜と雪に覆われた森を通り抜けるちょっとした旅行のようなものでした。兄たちが卒業して働き始めてからは一人で通学することになりましたが、寒さに凍えて村にたどり着くと、時々優しいパン屋のおじさんが焼き窯の近くに私を呼んで干しぶどうの入った温かいパンを食べさせてくれました。それは未だに私にとって家以外で食べた最高の朝食であり、その記憶は世界中の大都市でカフェに足を踏み入れるたびに蘇ってきます。

学校では私はかなり真面目な子どもでした。家では教科書の前にじっとしているのが好きでなかったので、学校では一番前の机に座って先生の話を注意深く聞いていました。学校の先生は私にとって威厳と優しさの象徴であり、その素晴らしい先生たちは常にどうすれば人は賢明になれるのか、良いとも悪いとも言えないことをどう正しく判断するのかということを示そうとしていたように思います。

ソロメオでも外国の都市にいる時でも、会議の最中にふと遠い昔の学校の記憶がよみがえり不思議な気分になることがあります。善は一人ひとりの意思と良心に根差しているとか、身近にある美しいものや目に見えないものに幸せを見つけなさいとか、そんな先生たちの教えを突然思い出すのです。

自分たちが無学で貧しい服装であることに負い目を感じていたせいか、両親は学校の先生とまったく話をしようとせず、その分、母は私たちの服装にとても気を使っていました。十歳くらいの時、母が友だちと木曜市に買い物に行き、クリスマスの贈り物に緑色のモールスキンのズボンを買ってきてくれました。私は緑色が好きではありませんでした。「緑で着飾る人は自信過剰な人である」という古いことわざがあり、そのせいで緑色がきらいになっていたのかもしれません。私は母から渡されたそのズボンをこっそり菜園の裏の地面に穴を掘って埋めてしまいました。クリスマスの日になり、緑のズボンを履いていない私は最初はそれを失くしてしまったと言い逃れしましたが、次第に良心の呵責に耐えられなくなり、ジネッタ叔母さんに本当のことを話してしまいました。そのズボンを埋めた場所は今もはっきり覚えています。

エピキュロスによれば人生は三つの要素から成っていて、ひとつは宿命、ひとつは自分で獲得したもの、もうひとつは両親から授かったものだそうです。私が今も緑色は好きになれないのは多分先天的なものだと思います。

学校はひとクラスわずか八人か九人で、皆とても仲良しでした。嫌がらせを受けた記憶はほとんどありませんが、集落と田園から来る子どもの違いは意識させられました。それは私には理解できない区別でした。誰であろうと人を敬うのは当然であって、人間にその違いなどないと思っていました。普段はふざけた冗談を言っていても、農民だから貧しいという理由でやり込められている子を見過ごすことはできませんでした。自分自身が良いポジションにいるわけではないですが、貧しさでおどおどしている子は助けずにいられなかったのです。

クラスは時々入れ替えがあるのですが、ある年、私の視線はひとりの少女に引き寄せられました。思慮深くて、献身的で、きれいな目をした少女でした。仲間や先生に気づかれないように、ロマンチックな手紙を書き、折りたたんだ手紙を彼女の顔に当たる危険を覚悟して輪ゴムで飛ばし、心臓をドキドキさせながら反応を探りました。まだ子どもだった私の中に大人と同じような愛情が芽生えていたことは不思議な気がします。

九歳から十歳の頃は、草や木よりもたくさんの恋物語がありました。田舎の家にはテレビもなく、女の子と直接出会う機会は村の学校に行った時だけでした。初めての情熱、初めての憧れ、初めての欲望が、誰知らずひそかに、火のように熱く、そして春の小川のような勢いで湧き起こりました。それは若さの強烈なエネルギーに支配された生命の力でした。

私たちは不安や、恥じらいや、避けがたい動揺の入り混じった気持ちで少し年上の女の子を追いかけ回し、視線が合うと恥ずかしくて顔が真っ赤になりました。しかしそれ以上のことは起こらず、熱い思いはただそれだけで終わりました。魅惑的な想像の時期であり、幻想や夢を欲する無邪気な性の衝動の時期でした。そして咲き始めた花々や淡水エビが跳ねる小川のきらめきはなんと魅惑的だったことでしょう。日没時には池のカエルが合唱を始め、草地や小麦や花々が立ち上げる芳香に包まれ、私は無意識の内にこの世界から決して離れまいと心に決めました。天の創り出したこれらすべてに私は生命の本質を感じ取っていたのだと思います。

学校の先生や自然から、私は、人生を美しくしてくれるたくさんのことを学びましたが、子ども時代に一番大切なことを教えてくれたのはやはり父と母でした。人生の最も大切な価値は運命が目の前に困難をもたらした時に静かにそれに耐え凌ぐ勇気を持つことであるということを、二人は言葉よりも行動で、それぞれのやり方で、私に教えてくれました。母からは優しさと忍耐と精神の大切さを学びました。父からは夢を見ることと選択する勇気を学びました。父は素朴な農民でしたが、どんな計画も自分で体を動かす努力を欠いてはならず、人間と人間の尊厳を最も重要な目標に掲げることを教えてくれました。起業家としての私の成功を支えた価値観は父から教えられたのです。

両親を始め、家族との生活はとても自然な楽しいものでした。互いに協力し合う連帯の気持ちが皆の生活を支え、物質的にも精神的にも恵みを与えてくれました。農民の生活に特有の人と人の絆は、つい最近までは人間が理想の生活を送るのに欠かせないものでした。他人のために自発的に犠牲を払う気持ちや手に入れたものを少しずつ長くゆっくり楽しもうとする知恵、自らの労働に注ぐ愛情。このような生き方、考え方は私にとって永遠の価値を持っているのです。

共同作業の成果を仲間で分け合う喜びは、労働を神が与えた罰ではなく楽しい儀式に変えてくれます。畑や、菜園や、牧草地や、家の中で行われていることを私たちは皆がいつも知っていました。苗を植え、畑を耕し、子どもを育て、親の世話をする。お金はなくても私たちは幸せでした。そうした生活は、足りていれば十分である、ということを教えてくれたのです。

一年前には多少うんざり感じていた同じ季節が再び巡り来ると、人々はそれをまったく新しいものとして歓迎し、また少しすると同じ理由で季節の交代を待ち望むようになります。木の芽、花、果実、畑地、黄金色の小麦、太陽、風、雲、雨、雪が無言の言葉で語り掛けながら、自然は毎年四回、調和を保って季節のリズムを刻みます。古代エトルリア人は季節の変化の象徴として果樹と果物の神ヴェルトゥムヌスを創り出しました。農民たちは母なる大地の絶え間ない変化に適応するために日々の生活を工夫してきました。自然に関わる様々な記憶を手繰り農民たちは何をすべきかを考えます。その記憶は感傷的な思い出であると同時に今日を知り明日を生き抜く知恵でもあります。将来の収穫のために小麦の種子を保存するのは未来への投資が重要であるからです。

自然は多くの古代宗教で母なる神と見なされていますが、それは花嫁のようでもあります。人間と自然の間には結婚に似た関係があり、自然は人間の生活に欠かせない時間の概念を教え、人間は自然に合わせて働き生活します。両者の結合から大地の恵みが生まれます。農業には人が生きていく上で経験するあらゆる事象が胚芽のように含まれています。聖なるものへの畏敬、整理整頓し、勤勉に働くことの大切さ、予測不能の不確実性、人間ならではの助け合い、放置するのではなく、十八世紀の風景画家の絵のように人の手で整えられた自然の美しさ。ホメロスが詳細に描写した古代のアルシヌーの菜園のように、庭園も、菜園も、田園風景も人の手が加わることによって美しくなるのです。

幼年時代の田舎の生活で私はあらゆるものに美しさと協奏の拡がりを発見し、この世界のすべての創造物に対し私が負っている責任を知りました。人間の人格は二十歳くらいで完成すると言われますが、私の場合は夢多き幼年時代を終える頃にほぼ人格形成を終えていたように思います。

医学生
アラブの細密画、13世紀
（イスタンブール、トプカプ宮殿）

第 03 章

私の心の大学

CHAPTER 3

La mia università dell'anima

哲学は神々が私たちに授けた
最も美しい贈り物である

ソクラテス

多くの人々は幼年時代を人生のおとぎ話のような一時期として記憶しています。その幼年時代に別れを告げる時がやってきました。家族で町の近くに引っ越す前の十五歳の時、土地測量士の学科に合格してペルージャの学校に通うことになり、私の生活は一変しました。町に行くバスは午前七時に出発し午後三時に戻ってくるため、毎朝早い時間に家を出なければなりませんでした。

ペルージャに通っていた頃は私の人生であまり楽しくない時期でした。田舎から出てきた者は都会ではすぐに分かります。私たちは農民の格好をし、なまりがひどく、きれいなイタリア語は話せませんでした。私の頭を散髪してくれていた叔父のトニーノは当然おしゃれな床屋ではありませんでしたし、服装は毎日清潔に整えてはいたもののいつも同じ格好だったので、都会の人々に多少の負い目を感じていました。

学校のクラスは生徒の出身地域を考慮して構成されていました。少し前、家からカステル・リゴーネの小学校に通っていた頃も最初は農民の子と見られていましたが、程度の差はあれ同じ方言を話し生活のスタイルも似ていましたので、いつの間にか溶け込んでいました。しかし、ペルージャは違いました。明らかに差別されていると感じました。

差別と侮辱は表裏一体のものですが、私はそれまでそのどちらも経験したことがありませんでした。初めてこの二つに遭遇した時、私はまだ子どもで、その行為の意味も、なぜそんな悪意のある行動をとるのかも分からず、そして何より傷ついたのは誰一人その理由を説明してくれなかったことでした。しかしつらい体験も人生の糧になります。この時の悲しい体験から学んだのは知性や教養は別として決して人を差別してはならないということでした。

都会の人々は私たちを違う人種と見なして、しばしば不快な冗談でからかいました。私と机を並べていた田舎出身の友人は、少し前に母親を亡くし、混乱と悲しみでしばらく授業を欠席していたため、なかなか学校生活になじめないでいました。ある日、そんな彼の弱みにつけこんで年上のクラスメートが彼のおやつのパンを盗みました。犯人は見つからず、私には彼に新しいパンを買ってあげるお金がありませんでした。心ないいたずらをやめさせるにはどうしたらよいか。いろいろ考えてある名案を思いつきました。モルタデラのハムを挟んだパンを二つ母に作ってもらい、その中にこっそり大量の下剤を混ぜていつもの場所に置き、友人にこう言いました。「見ててごらん。コソ泥が誰か今日わかるから」。三十分ほどして明らかに非常事態に陥った生徒が二人、授業中に先生にトイレに行く許可を求めたのです。結論はご想像の通りです。それから彼のパンが盗まれることはなくなりました。この事件も多少は人生の役に立つ出来事でしたが、このように私たちは繰り返し学校で侮辱を受けました。

貧乏を理由に人を攻撃してはならないし、貧しさに苦しみ負い目を感じている人をあざ笑うことなど決して許されません。私たちに必要なのはその反対の、人間の尊厳を守るために行動する人です。止む無く不幸な孤児になったとして、その少年は私と一体何が違うのでしょう。皆同じ感情を持った人間です。「真実の善と真実の悪の前に人はみな平等である」。セネカの言葉は私の中で年を経るごとに輝きを増しています。

家族が町の近くへの引っ越しを計画し始めた頃、私の日常はまだ穏やかなものでした。私たち家族は農家の生活にそろそろ区切りを付けたいという気持ちが強くなり、父は工場で働くことを考え始めていました。工場で働くことは私たち家族全員の、そして当時の多くの人々の願いでした。そしてついにフェロ・ディ・カヴァッロというペルージャ郊外の町に小さな家を建てることを決め、私が十五歳になったらそこに引っ越すという計画を実行しました。

町で暮らすのは幸福を願う家族全員の思いだったので、引っ越しには楽しみな気持ちしかありませんでした。引っ越しで生活がどう変化するかは予想できず、起きたことをただ受け入れるだけでした。しかしすでにルソーは二世紀以上も前に、田園生活を称え、都市生活に警鐘を鳴らしていました。彼によれば、その時代でも都市の生活は人間にとって最悪の選択でした。確かに都市の近代化と人間の孤独や精神的経済的貧窮は密接に関係しており、人は都市生活から生じる心の病とともに生きていかねばならないのです。

家族にとって一生に一度の夢であった新しい家は少しずつ出来上がっていきました。ほんのわずかのお金しか用意できない私たちにはそれ以上早く家を造ることはできませんでした。その家は三、四年掛かって完成し、美しく晴れた日に私たちは引っ越しました。

引っ越しによって私たちの日常生活は一変しました。新しい家にはバスルーム、シャワー、暖房、電気がありました。なかでもテレビは私たちの生活に最も大きな影響を与えた電気製品でした。それ以前はバールや一部の裕福な友人の家で大勢一緒に観ていた放送を、私たちだけで観ることができるようになったのです。テレビはとても便利なものでしたが、家族の交流は次第に減っていきました。父は労働者として毎日工場に通い、長兄のエンツォは大工、次兄のジョヴァンニーノは配管工として働き始めました。私は勉強を続け、母は世間一般の専業主婦になり、母と私は二人で家にいる時間が増えました。

それまでの田舎の家と同じように、三階建てのその家には私たち家族と叔父たちがそれぞれ別の階に住み、以前と同じ家族組織をそのまま持ち込んできましたが、テレビが登場して食事の時の会話が減り人間関係は次第に希薄になっていきました。田舎の時と違って皆が一緒に食卓に着くのは夕食だけになり、昼は母と私の二人だけで食事をすることになったのも大きな変化のひとつでした。

都会に引っ越して私たちが経験したことは果たして何だったのでしょう。都会ではたくさんのものが手に入りますが、その多くは機械によって作られたもので、すべてが必要なものではなく、人間を孤立させるものもありました。町の中心の歴史地区でも、郊外の新興地域でも、経済成長で拡大した近代の集落は古代のように有機的な人のつながりで出来上がった町とは異なり、ほとんどが個性を欠き、人間の営みや自然の時間の流れから遊離し、分断されています。しかし、一方で都会生活は、古い歴史地区の暮らしでは得られない生活の利便性をもたらしています。ここでは、他のどの場所よりギリシャのポリス〈都市国家〉のような空気が息づいていたのではないでしょうか。ジグムント・バウマンが指摘したように、そこにはコミュニティや、物質的価値、健康への関心など、古代ギリシャのポリス社会に似た風土も息づいています。この相矛盾する事実は、古い旧市街の生活の再生よりも新しい郊外の生活を道徳的に改善する努力の方がより重要であると私たちに教えてくれます。

町の近くに引っ越してから私の頻繁なバール通いが始まりました。ジジーノというオーナーの名が付いたありふれた店は、私にとって特別魅力のある場所でした。その店は町の大通りに面し、男性ばかりおそらく二十五人から三十人の労働者や、工員、会社員、私のような気晴らし目的の学生などいろいろな種類の人間がひっきりなしに出入りしていました。そこで過ごす時間はとても人間味のある特別なものでした。

つらい時はバールに行けば話を聞いてくれる相手を簡単に見つけられ、トランプ、ビリヤード、賑やかな会話、皮肉やいたずら、冷やかしなどもありました。その当時はアメリカ、ヨーロッパ、そしてイタリア各地から学生運動の波が押し寄せていました。若いエネルギーが時には暴力を伴って爆発し、旧世代の大人たちやありとあらゆる古くさいしきたりに反発していました。学生も学生以外の若者も大きな集会を開いては学校を占拠し、社会のすべてを激しく糾弾しました。しかし現実に起きたのは、私を始め学生が勉強をやめてしまったことでした。「セイ・ポリティコ(すべての学生が最低及第点の六点をもらえる制度)」という制度が導入され、成績に関わりなく誰でも進級できるようになったからです。まじめに勉強する学生はいなくなり、グループで勉強することはあっても、実質的には一人だけが勉強しているようなものでした。

若者を中心に世界中で起きた当時の学生運動はひとつの特異な時代の象徴であり、今も多くの議論を呼んでいます。当時は大多数が学生運動に賛同していましたが、異を唱える少数派の人々の中にピエル・パオロ・パゾリーニのような人もいました。詩人であり映画監督であった彼の洞察力に富む言葉は社会全体が豊かになっていた当時、何が起きていたのかを考え理解することを助けてくれます。

1968年当時、論争と闘争に没頭し過激な言動を繰り返す若者たちの状況はまるでヘラクレイトスの戦争の神ポレモスが乗り移ったかのようでした。ポレモス（万物の父としての闘い）という考え方が一世を風靡し、若者が成長する糧となっていきました。大学は世界中どこでも人が集まる場所であり、何世紀もの間、社会で最も活気のある有機的な組織であり続けました。当時誰もが口にし今も人々の記憶に残るスローガンは、「すべてを即座に」と「禁止することを禁止せよ」でした。学生運動によって自由の獲得が急激に進んだことは確かですが、そこには享楽主義の萌芽も含まれていました。彼らの叫びがどこまで当時の経済的社会的背景から生まれたものか、それとも現代社会に広がる心の病や、ルールを失った人間に生じる不安から出たものか、それを正確に知ることは容易ではありません。ルールは自由を守るために人間が作ったものであり守られなければなりませんが、時に人間の感情や率直な気持ちを自然に表現することの妨げにもなるのです。

私は毎晩夕食の後にバールに行き、緑のテーブルの席を競って確保しました。翌日仕事で早く起きなければならない人たちは夜十一時までトランプをして帰宅します。トランプが終わった後の深夜は私のように真剣に勉強する意思のない学生が八人か十人くらい残り議論が始まります。大きな政治の話から、経済、神、宗教、人間精神など、自由気ままの議論の中には女性についてやふざけた冗談も混じっていました。

深夜も一時を過ぎると人数はさらに減り、残っているのは三人か四人になり、私はいつもそういうフクロウたちのひとりでした。高校で哲学を学んでいた仲間も何人かいて、会話は自ずと深刻な雰囲気になり、私は彼らから測量士の学校では学べないことをたくさん学びました。特に理性と精神について情熱的に語る友人の話を夢中になって聞きました。

大学とバールはもちろん違うものですが、論争や議論の場であったという点は一緒でした。当時のバールは大学よりもう少し人間的で、多様性のあるポレモス（万物の父としての闘い）の場であり、様々な人生の現実の訓練と教育の場であったと思います。落ちぶれた者と華やかな者、貧乏な者とお金持ち、ずる賢い者と正直者、目立ちたがり屋と引っ込み思案など、いろいろな人たちに出会う場所でした。様々な人々と会い、関心を持ち、話しかけ、心を開いて会話し、時には議論する中で、人生の教訓が洪水のように押し寄せてきました。バールでの学びは正統な学問の場である大学ではなかなか得られないものでした。

ショーペンハウエル、ヘーゲル、キルケゴール、ある晩はカントについての話でした。私は彼らの会話をほとんど理解できませんでしたが、好奇心のアンテナをぴんと伸ばして聞いていました。この思想家が近代の最も偉大な哲学者とされている理由を知りたかったのです。翌日、私はカントのことをもっと知りたくなり、中古本を探し出して購入しました。哲学の専門用語を知らない私にはとても難解な内容でしたが、言葉の意味の奥深さと表現力は明確であり、深い洞察がありました。その中に見つけた格別素晴らしい一節は「永遠に生成し続ける二つのものが私の魂を賞賛と畏敬の念で満たす。それは我が頭上の星空と我が内なる道徳律である」という言葉でした。私がよく空を見上げるのはこのためです。仕事の会話の最中に突然誰かが「ブルネロ、今夜の月はなんて美しいんだ!」と叫んでも私はまったく嫌な気はしませんし気が狂ったとも思いません。それは彼の魂の美しさを証明しているからです。

私に強い影響を与えたカントのもう一つの言葉は「あなた自身もあなた以外のすべての人も人間であることを決して忘れず、その思いを手段でなく高貴なる目的として常に行動せよ」です。ソロメオ村にはこの二つの言葉が大きな石の銘板で掲示されています。あらゆることには多面的な理解が必要です。私の父は「正しく行動しろ。まともな人間になれ。自分の言葉に責任を持て」と繰り返し言っていて、こうした父の警告には長い間うんざりしていたのですが、今は父の言いたかったことが理解できますし、尊厳について明確な考えを持つことができます。

初めて哲学と出会った時から、私は、自分自身が驚くほど哲学に格別の魅力を感じ関心を持つようになりました。多少混乱した頭の中で、哲学が自分の人生の強力かつ永遠の支えになるに違いないこと、家族の思い出以上に確固たる人生の指針になるであろうことを確信しました。数多くの稀有な人間たちの表現や格言の中に息づく思想、その純粋さに私は魅せられていたのです。この章の冒頭に掲げたソクラテスの「哲学は神々が私たちに授けた最も美しい贈り物である」という言葉がそれを表していると思います。

私が十六歳の時、父はつらい時期にあり、彼がおかれた現実を思い、初めて彼への眼差しが変わりました。プレハブ用コンクリートの製造工場の工員となった父は、毎晩、過酷な労働を終えて帰宅しました。当時四十五歳だった父は、屈強で、体の疲れやわずかな給料については不平を口にすることはありませんでしたが、雇用主からの侮辱についてしばしば愚痴をこぼしていました。落ち込み、悩み、目に涙を浮かべて「こんなひどい侮辱を受けるなんて、いったいあいつに何をしたというんだ」と言い、不当な扱いに傷ついた父を見て、とてもつらい気持ちになりました。当時の私にはまだ父を守る力がありませんでしたが、これからすべきことはまだ具体的に決まっていなくても、自分は絶対に、倫理的にも経済的にも、人間の尊厳を守るために生きて働くと固く決意しました。

人間を大切にすること。人として、企業家としての私の指針はここにあります。人間の尊厳のために働くなど雲をつかむような怪しい話であり、現実にそんなことはできるはずがない。そう感じられるかもしれません。しかし私は人間の尊厳を守るために働くことは誰でもできると考えています。それは何か目に見える結果を出すのではなく、いかに行動するかという問題だからです。人間の尊厳を守ることは結果よりも自分の思いと行動次第なのです。

ガキ大将のいじめから兄弟を守り、おやつ泥棒をこらしめて不幸なクラスメートを助けるなどのささやかな行為も何らかの価値のあるものだったのです。人として、企業家として、生きていく上で人間の尊厳は私にとって絶対的な価値基盤であり、来るべき社会の希望はここから生まれると確信しています。

人々は文明の発展によって星や空を見上げることをやめ、毎日を漠たる不安の中で生きています。しかし大空に虚心に向き合えば私たちの小さな一日一日が、道徳的にも一市民としても、精神的にも経済的にも、幸福な明日に繋がっていると感じることができます。哲人皇帝と呼ばれたマルクス・アウレリウスは、人は倫理を通じて真の兄弟になると考えました。人は他者のために生きることによって人となり、学ぶことによって善き存在となる。報われない時もがまんして、常に人間同士の関係の中にあらねばならない。はるか昔に彼はそう確信していました。決して人を差別しない、人の尊厳を大切するという彼の思想は、生きていく上でも実際に有用な思想であることを私は実践から学びました。

その頃から私は独学で哲学を学び始めました。心躍る体験であった哲学の学びは、カントの次はソクラテス、その次はギリシャ文化全般へと関心が広がり、私の人生を導く決定的な要因となりました。ほとんどの時間をバールで過ごしていた私には、哲学の勉強といっても、ほんの少しかじる程度のものでしたが。

マルグリット・ユルスナールの「ハドリアヌス帝の回想」は、哲学、人間の価値、倫理、芸術について書かれた繊細で深遠な作品です。著者はハドリアヌス帝の生涯を研究していく内に次第に自分自身も偉大な皇帝と一体化していったのですが、私はこの本を一気に読み終え、生涯のすべてを全世界への責任に捧げたこの並外れた人物の思想と生きざまに深い感銘を受けました。押し寄せる膨大な現実の難題を日々処理しながら、根っからの理想主義者として、自身の帝国を愛し、庇護し、「慈悲深いローマ」の生きた象徴として禁欲的な姿勢を保ち続ける。それが彼の生き方でした。今日私たちはハドリアヌス帝のような人物を強く必要としていると思います。

さて、私自身の小さな話に戻りましょう。自分はこれからどんな仕事を選択するべきか。倫理的に生きる意思は固まっていたものの、生計を立てながら人間の尊厳を守る夢を実現するために自分に何ができるのかはまだわかりませんでした。

測量士の学校を終えた後、私は大学に進み工学部に入学しました。兄たちは中学を卒業した後は働き出しましたが、私は家族やオルランド伯父さんの期待もあり勉強を続けました。しかしその期待には残念ながら応えることができませんでした。勉三年間で筆記試験を受けたのは一度だけで、口頭試験には合格しませんでした。

強はしませんでしたが大学の環境と雰囲気は好きで、学生運動のさなかに仲間たちとイタリアや世界中の社会に芽生え始めた新しい価値観を議論するのはとても楽しく、その議論からたくさんのことを学びました。いろいろな人たちと率直な議論を重ねていく内に、バールに欠けている何か、自分の性格にふさわしい何かが、徐々に私の内部で理想となって形を取り始めていました。

十五歳から二十五歳まで通い続けたバールには想像を超えた刺激的な人生模様がありました。街娼の三十五歳のレラは、うんざりする一日の仕事を終えた後にトランプをしにやってきました。いつも独りのもの静かな女性でした。当時私は十八歳でしたが、彼女が自分の複雑な境遇のために他人と距離を置いていることに気づきました。穏やかな話し方から純真な人間性が感じられ、私は彼女に興味を持って話しかけました。バールの閉店後の夜遅い時間に彼女は私に、人生に疲れてしまったと打ち明けてくれました。歌うような静かな口調でした。何とか彼女の気持ちを変えさせたいと私は必死に説得しましたが、田舎出身のただの若者でしかない私には彼女の困難な人生を変えさせる説得力のある理由やきっかけを示すことができませんでした。わずか数年後に彼女は亡くなりました。善良で美しい精神を持つ薄幸な魂との出会いは私の記憶に深く刻まれ、人の痛みに思いを馳せることの大切さを教えてくれたのでした。

バールはまるで劇場の舞台のようで、いつも同じでいつも新しい人生模様が毎夜繰り返されていました。ちゃかしたりからかったりするのもその一つで、ただ単に楽しかったからそうしていたのですが、少しでもウィットを利かせようと考えたり、からかわれても耐えしのぐ能力を養うという点では大事な意味があったと思います。四日も続けてからかわれたら傷ついて悲しくもなりますが、それは楽しみたい気持ちの表れであり、人を傷つけるためではないのです。悪意のあるからかいは経験したことがありませんでした。今もひとりで書斎にこもり好きな読書に没頭する時も、夢中で楽しんだトランプや騒々しい会話など、昔のバールでの出来事をなつかしく思い出します。そして、僭越にも華やかな都を追われたマキャヴェッリが日中バールで時間をつぶしていた姿を想像し彼の悲哀と矜持の心境に思いを馳せるのです。

時が過ぎ、二十四歳になるくらいまで自分の就くべき仕事のことをいろいろ考えました。劇場で働こうと思う日があれば、ボランティアの代表になろうとか技術者になろうと思う日もありました。この時期の私は早春の小川のような若さとエネルギーに溢れ、いろいろなことを空想し夢が広がっていたのです。十代のアレクサンダー大王が海辺に立って世界の果てを知りたいと願ったことなど、歴史上の若き英雄たちのことも考えました。人生は不確実なものであると知りつつも、ずっと考え続けていた人間の価値の重要性についてはどんどん確信が深まっていました。幼年時代から十代まで私は何かが足りないと感じたことはありませんでした。農民の生活は慎み深く生きる人々の謙虚さと表に見せない静かな苦悩を感じ取る能力を私に授けてくれたのです。

バールで議論やトランプに明け暮れていた頃はあまり本を読みませんでしたが、その中でも少しずつ読んだ本は常に人生を良くする気づきを与えてくれました。友人たちは私の精神が徐々に変化し熟成し始めたことを察知し、ただのトランプ上手以上の何かを私に感じていたと思います。

書物は人生の案内人であり人の一生は書物の計り知れない価値を確認するためにある、とハドリアヌス帝は考えていました。私は読書に没頭し始め、時には、文章のスタイルの美しさが、本の主題そのものを超えるように感じられることもありました。最後のページにたどり着いた時はいつも親しい友人と別れるような寂しい気持ちになったのでした。

同じ頃、セオドア・レビットの「マーケティング・イマジネーション」という市場経済について書かれた本に出会いました。そこに書かれていたのは、中級品を安く作れる新興国に負けないために先進国は高品質の製品に特化しなければならない、ということでした。この明解な理論に私は強い影響を受け、その後のビジネスを考える基礎になりました。

倫理や美が凝縮し、人生についてたくさんの議論をしたバールでの十年間で、私は、迅速な洞察や、忍耐強さと厳格さ、思いやりと勇気の意味を学びました。繰り返しになりますがバールは私にとってまさに人生を学ぶ大学だったのです。

フェデリカに出会った時、私は十七歳でした。後に私の妻となった彼女はソロメオ出身で、ペルージャの学校に行く同じバスに乗車してきました。私は小柄な彼女の優雅で控えめな様子に惹かれ、彼女と話をしたいと強く思いました。一方で、自分がつまらない人間に見えないかとか意味のないことを言ってしまうのではないかと不安になり、その二つの感情で心が揺れてしばらく話しかけることができませんでした。そしてある日、意を決して話しかけました。二人とも恥ずかしがり屋のため打ち解けるまで時間が掛かりましたが、私の粘り強い努力が実を結び、少しして私たちは婚約しました。

婚約当時私たちはまだ十七歳と十六歳でとても若かったのですが、それからずっと二人で人生の楽しく美しい時をともに刻んできました。恋に落ちた誰もがそうなるように、生まれ育った村から始まって、彼女のすべてが美しく魅力的に見えました。私は頻繁にソロメオ村を訪れるようになり、彼女の友人たちの仲間にも加えてもらいました。当時のソロメオ村は古びていて、傷みが目立ち、中心部の旧市街は二十年あまり住む人のいない状態でした。それでも私にはフェデリカの村のすべてが特別なものでした。

彼女の父親は布地や家庭用の雑貨を売る小さな店を経営していて、彼女自身も衣料の仕事を始めようとしていました。彼女が商品を仕入れに行くのに同行している内に私もファッションに興味を持ち始め、それがきっかけで人生の二つ目の扉が開かれることになりました。

フェデリカとは将来のことをたくさん話しました。技術者、探検家、平和活動家、革命家、ヒューマニストなど、思いつくままに自分の夢を語る混乱状態の私に対し、思慮深い彼女は現実的な視点からその混乱を解きほぐす手助けをしてくれ、私は懲りることなく理想を追い続けました。

時間は形を変えることはあっても本質を変えることはありません。アリストテレスからルソーまで、二千年もの間、哲学は人間の性質は知ろうとすることであり、知ることは善であることを確認してきました。心の奥深くに潜む真実の夢を見つけられれば人は自分の人生に最も重要なものを生み出すことができるのです。

窯で布を染める染色師たち
（ロンドン、大英図書館）

第 04 章

カシミヤの彩り

CHAPTER 4
I COLORI DEL CASHMERE

多くの人に役に立つ者が生きる

セネカ

自分はこれから何をすべきか。経済的には両親や兄たちと一緒に暮らしていたので特に慌てる必要はありませんでしたし、悠々自適で、家族のお世話になっていたのですが、当時の私にとってそれは最も切実な課題でした。

フェデリカに相談した数々のアイデアの中から、次第にファッションが重要テーマに浮かび上がってきました。そして二十四歳の時に、家の近くに本社があるスキーとテニスでは当時世界一だったスポーツウェアの会社にモデルとして雇われました。朝から晩まで洋服の着方に気を配り、ファッション雑誌を読んで最新トレンドを把握し、見た目も内面も美しくなろうと未来に向かって一歩を踏み出したのです。

農家で育ったことやそれまでの個人的経験がこの選択に大きく関係していました。父が工場で働き始めた時に受けた侮辱についてはすでにお話ししましたが、涙で潤んだ父の目を見た時のつらい思いが、人の尊厳を傷つけることは絶対に許さないという強い決意に変化していきました。人間の価値を尊重し人間の価値を信じる。それは私に課せられた道徳的義務となったのです。

天の創造物である自然を痛めず、可能な限り自然への負荷を小さくする。そのように生産されたものにこそ貴重な価値があると考えていました。思い描いたのは消費者と生産者の双方にとって価値のある手作りの製品、美しい労働環境、リラックスできる快適な休息時間、手仕事の価値が隅々まで行き渡った会社の文化でした。誇りを感じて穏やかに生きていくためには、互いを敬い、真実を重んじる人間関係と、経済的に十分な所得が必要だと考えていました。そのためには創造性を育む静謐な職場環境が必要でした。倫理、尊厳、道徳と一体化した利益を生み出すこと、利益と贈与の均衡に実体を与えること。それは天の創造物に対してささやかな番人になることだと考えました。その輝かしい先例は聖ベネディクトです。優しい父性と厳格な祈りと労働を恒久的に結びつけた偉大な聖人は、修道院長の一人ひとりに対し「厳格な師であるとともに、優しい父親であることを示しなさい」と説いていました。

そして二十五歳の時に、現代的な色彩を特徴とする女性用のカシミヤセーターを作ろうと決めました。このコンセプトは非常に新鮮に感じました。高度な手仕事と職人技に支えられたイタリアらしい服、最高級の市場セグメントに的を絞り、高価ではあるが価格以上の価値を持つ製品を作る。そんな考えが明確になっていきました。何か特別なことを成し遂げるために、自分の人生の夢と思える構想にだけ集中したいと私はずっと考えていたのです。

原爆投下で亡くなった長崎の日本人医師、パオロ・ナガイ・タカシの感動的な話があります。彼は子どもたちにこう言いました。

愛する子どもたち、夢を持ちなさい、良い夢を。追い求めなさい、一生の夢であるただひとつの夢を。人生には夢と喜びがあります。夢を追う人生は毎日が新鮮です。愛する子どもたち、人生は長く見えて短く、世の中を幸福にする夢は一人では実現できないのです。

正直に言うと、事業を始めた時のエネルギーは無知と本能だけでした。しかし、例えかすかな希望でも、行動することが大事だと今では自信を持って言うことができます。なぜなら、理想の世界を思い描くことが予想もしない成功の可能性をもたらしてくれるからです。私の場合も初めは手探りでしたが、必死にやっていく内にある時点から状況が好転し始めました。

プルオーバーのセーターを六十着作るためにカシミヤの生成の糸を二十キロ売ってください。私が頼んだ相手はとてもまじめで善良な人でした。まるで兄のように親しい感じで、彼は私の依頼を承諾しこう言いました。「代金は君に最初の売上が入った時で構わない。君はいい若者だとわかっている」。それは今も私を感動させる優しい言葉でした。残念なことに彼は初老で重い病気に襲われ、その好意に私は十分に報いることができませんでした。

おそらく世界で最も優れたカシミヤの染物職人であるアレッシオとの最初の出会いも素晴らしいものでした。私は女性用の六枚のプルオーバーを抱えて彼に会いに行き、一枚ずつ、六色の淡い色彩に染め分けて欲しいと依頼しました。半日もかけてあらゆる方法で説得した結果、彼はようやくこう言ってくれました。「やってみよう。結果は保証できないけど」。それはもちろん私の人生の最も重要な瞬間でした。遊び心を持つ理想主義者で、夢想家で生まれ育った場所に大きな愛着をもつアレッシオ。私は彼に限りない感謝の念を抱いています。

暗中模索で始めてすぐに二人の素晴らしい人物に出会うという物語は、ジェームズ・スチュワート主演のフランク・キャプラ監督の映画「素晴らしき哉、人生！」にそっくりでした。この映画の主人公は男性の姿をした天使に救われますが、情熱だけでお金のない私を信頼してくれたこの二人は、私にとってまさに天使でした。ただアイデアに共感し、陽気で、おおらかで、主体的で、利他的な彼らの生き方と、リスクを恐れず明るく突き進んだ当時のことは、長い時間が経った今も鮮明な映像として蘇ってきます。そんなのは夢物語だと、合理的な人々は一笑に付すかもしれませんが、彼らの存在は、強い思いが人を遠くの夢見る土地まで連れて行ってくれることを証明してくれています。

複数の業界誌から、トレンティーノ・アルト・アディジェ州の顧客がイタリアのどの地方の顧客より代金をきちんと支払ってくれるという情報を知り、私はすぐ、ボルツァーノの近くの美しい村、ナトゥルノに向けて出発しました。それが最初の顧客で今も関係が続くアルベルト・フランツ氏です。アルベルトは、年齢はおそらく私の父と同じくらいで、屈強な体格をし、素晴らしい家族を持っていました。まじめで、厳格で、細かな気配りができ、人間味あふれる彼の対応は、最初の出会いから理想的でした。私たちは互いに共感し、すぐに協力を開始することにしました。最初の受注となったこの五十三着のカシミヤセーターの注文は生涯忘れられません。

当時まだ資金力の乏しかった私には、支払いの確かな顧客を獲得することがとても重要でした。初期の顧客のひとりであるミラノ在住のヴィンチェンツォも、非常に大切な人物です。彼はプーリア州の出身で、ロンバルディア州に移ってきた時のつらい経験や、強風で吹き飛ばされた木造のあばら家での生活などを語り聞かせてくれました。雄弁な語り口で語られる彼の衝撃的な体験は、社会から捨て去られた貧しいプーリア移民の逸話として新聞にも掲載されたほどでした。彼の話し方には心地よいリズムがあり、私は彼の善良な精神とカリスマ性に強く魅せられました。彼の大量の発注書には「このお金をぜひあなたの仕事に役立ててください」という一文が添えられており、その金額の大きさに私は思わず息が詰まりました。まだ事業を始めて間もなく売上がとても小さい時だったので、私の驚きは容易にご想像頂けることでしょう。お金も資産もない自分のどこに価値を認めてくれたのかと、儲けのことを忘れて反射的に尋ねると、「五人の兄弟、私も入れると六人の兄弟、そして父と母の全員が、君のビジネスマンとしての倫理と才能に高い信頼を置いている。それだけで十分な理由でしょう。お金のことは気にせず、いつまでも今のように穏やかに働いて欲しい。我々の希望はそれだけです」。優しい笑顔をたたえて彼はそう言いました。

このような出会いと経験が、企業家として、人として、自分をもっと磨き、自分自身を超えていかなければという強い思いとなっていきました。ヴィンチェンツォは私の会社の最初の出資者のひとりにもなってくれ、会社の発展と私自身の人間性を磨くことの両方で彼には深い恩義を感じていました。この信頼すべき誠実な人物がわずか五十歳で亡くなってしまったのは本当に悲しい出来事でした。

ある日曜の朝、ソロメオの近くの小さな工房で、ひとりで一年の業績を振り返りながら、私は初めて自分の会社の未来に確信を抱きました。企業家精神が足りないせいか競争相手のことは何もわかっていませんでしたが、自分の内部で日増しに大きくなりつつあった確信に比べればそれはたいしたことではありませんでした。私はこの瞬間に向けて何年も準備を重ねてきたのだ。そう感じてこれから自分が進むべき方向が見えてきました。

それからしばらくの間、友人たちは私を探して電話を掛け続け、私は自分の心に起きた予期せぬ変化に驚きを感じていました。その間、私はひとりで父の教えを思い出していたのです。本物の人間にならなければ他者の尊敬など得られない。勇気を持って、真剣に、裏表なく行動しなさい。それが自分自身と他者の尊厳を守ることになる。大きな夢がもたらす人間の心の変化は何と素晴らしいものでしょうか。

然るべき時が来て私とフェデリカは正式に結婚し、ソロメオの彼女の家で一緒に暮らすことになりました。しかし結婚とは何なのか私たちはまだ良く分かっていませんでした。結婚を決めたのはただ一緒に暮らしたいという思いと慣習に従ったためでした。人生は一度しかなく、その時々で臨機応変に行動せざるを得ませんが、自分が美しいと感じるものについてはいつも肯定的でなければなりません。何年も経って結婚は若い時に考えていたよりはるかに重要で、美しく、そして奥深いものであることを理解しました。最近は一人暮らしを選ぶ人が増えていますが、世界中で起きているこの傾向をどうすれば変えられるか私たちは真剣に考えなければならないと思います。意志と愛情で結ばれた結婚は船の安定装置のようなものです。それがあることによって、船は激しい嵐に遭ってもバランスと進路を保ち、天候の回復を待つことができます。人生の航路における穏やかな凪は家族によってもたらされ、家族の中で時間とともに熟成していくのです。

夢や仕事を持続させ、自分と社会にとって価値あるものにする要因は何でしょうか。愛し合う二人にとって結婚は持続から生まれる価値を示す重要なものです。持続するために必要なのは独善的にならないことです。フェデリカとの会話でいつも違う視点で疑問や質問をぶつけられることで、私は現実に立ち戻ることができました。相手の異なる意見を知り、両方を比較することで人生の意味がより確実に見えてくるのです。

夫であり父であるという体験は、強く、美しいものです。それが意味する豊かさを時が経つにつれて私は少しずつ理解できるようになりました。長女のカミラが生まれた時は人生の一大イベントに感動して生まれたての赤ん坊と対面しました。やがてその子が笑顔を見せるようになり、初めて言葉を話し、一対一の人間関係が始まるにつれ、彼女への愛は日増しに深まっていきました。

「赤子は笑顔で母親を知る（Incipe parve puer risu cognocere matrem）」。ヴェルギリウスは人間味溢れる感動的な言葉を残しています。子への愛は天からの贈り物であり、それが人間にとって永遠のテーマである理由は、子どもは未来そのものだからです。次女のカロリーナが生まれてからはこの学びを大切にしました。自分が娘たちにとって良い父親であったなら嬉しいのですが……

幼かった頃の記憶を振り返りながら、その頃自分がどのように父と母を見ていたかを考えます。それはとても美しい思い出です。私たち家族は生きていくために十分なものを持っていました。夏のバカンスは学校が休みというだけで、遊びの代わりに農作業をしました。私は両親を愛し、全幅の信頼を置き、幸せでした。自然と一緒に暮らす生活は私たち子どもの幸福に重要な役割を果たしたと思います。

親と子の関係は時に難しくなることもありますが、多くの場合それは愛情よりも物質的なものを与えることから起こります。欲しがるものを何でも与えようとする親もいますが、ものを与えても子どもが親を信頼するようにはなりません。

結婚と同様に父親になるのも初めての経験であり、両親から見よう見まねで学んだ以外に親としての知識は何もありません。子どもに対しても真理と尊敬を以て接することは当然必要ですが、何よりも大切なのは愛情です。愛情は親であるあなたを子どもたちの近くにいて彼らと話したいという気持ちにさせ、あなたがしなければばならないことを教えてくれ、子どもたちのあらゆる問いかけに対して心の中の正しい答えをささやいてくれます。

創業当初の成功はささやかなものでしたが、私にとっては特別なものでした。私はペルージャ郊外にあった小さな工場の移転を計画し、候補先としてソロメオ村が頭に浮かびました。この小さな古い村が衰退していく様子に私はずっと心を痛めていて、ある日、本能的にこの村の中世の古城を購入することを思いつきました。町の中心の、歴史を身にまとったこの魅惑的な建物は、様々なインスピレーションを生み出す永遠の存在であり、自分の小さな会社の本社を置くのに最適の場所だと考えたのです。

ソロメオの城の購入交渉はとても感動的で、私の人生の最も象徴的な出来事のひとつです。まだ若い私の目の前にいる城のオーナーは、敬愛すべき人物だがとても頑固者という噂でした。私の計画はまったく可能性がなさそうに思えましたが、初めて会った時から私たちの心は互いに通じ合い、まるで魔法のような理想的な出会いになりました。購入の目的は城全体の統一を保ち、時間が経過すればするほど歴史的価値が高まるように保存することだと説明しました。同じ願いを持っていたオーナーは、真剣で誠実な交渉の結果、売却に同意してくれました。自分に残された時間と体力では難しくなってしまった夢をこの若者が実現してくれるかもしれない。オーナーはそう期待して私を受け入れ、愛情を注いでくれたのです。

対話することの大切さと誠実な言葉で直接伝えることがいかに素晴らしい結果をもたらすかを私はこの経験から学びました。誠実さと善意があれば、個性の尊重や思いやり、伝統的な価値の保存、優れた製品の品質などの大切な問題について互いに理解することができるのです。形式ではなく本心で尊敬することが必要です。私は、家族、精神性、職人の技術、農業など、人間にとって大切な価値の継承が未来を描く鍵であると考えていますが、そのために人はできるだけ自然の近くで働くべきだと考えています。

孔子は、いにしえからの習慣や箴言《しんげん》を学ぶことは人類の進歩に不可欠であると考えていました。「創り出すのではない。伝承するのだ」。彼はそう言いました。この言葉は過去への郷愁ではなく、人間が未来を築くのに必要な答えを見出す知恵、人間の本質的な価値について教えています。そう考えると、つましい管理人にも思える自分は、もしかすると未来へ向かう船の船長なのかもしれないとも思えてきます。

城を購入したことで私は三つの構想に実体を与えることができました。それは、いにしえの魅力をたたえた美しい場所で働くこと、無機的な工業建築物の代わりに歴史遺産という大切な資産を銀行に担保として預け、そして痛んでいた城塞と村の価値を再生することでした。あれから二十年が過ぎ、この取り組みはこの村に力強い経済と生活の質の向上をもたらしたと思います。

私の家族もそうでしたが、その頃は経済的にも社会的にも少しでも豊かになるために、多くの人々が都会に移り住み田舎から離れようとしていました。しかし、私に起きたことはその反対でした。この村に愛着を持つことで会社は成長し、会社の成長によって村の再生に取り組むことができるようになったのです。古城の購入は、経済とソロメオの復興プロジェクトの事実上の出発点でした。

成功を収めるには裏表がないことが重要です。意志の強さに加え、誠実であることは私の構想を実現するために不可欠でした。誠実さは倫理的に価値があるだけでなく、ビジネスをシンプルに進めるのに役に立ちます。人と話をする時はいつもこの点に気をつけ、協力をお願いする顧客や仕入れ先、銀行のマネージャーには、率直で誠実であることに細心の注意を払いました。

そして、なるべく評判の良い尊敬できる人物を選び、関係を深めるように努めました。売りに行くべき最初の重要な先は間違いなくドイツでした。ドイツ人は勤勉で支払いがきちんとしていると知っていたからです。お金がなかった当時の私にとってそれは切実な問題でした。神聖ローマ皇帝フリードリヒ2世の物語や、ショペンハウアーとゲーテの思想、バッハとベートーベンの音楽、そしてロマン主義の思想など、この国の国民性と偉人たちにも長年にわたり魅力を感じていました。

ドイツ人もイタリア人と同じく様々な人々が混ざり合っています。シチリアとピエモンテが遠く離れているのと同じくらい、バイエルンとプロシアの距離は遠いのです。しかしドイツは、ロマン主義、祖国愛、民主主義など重要な価値観の下に結束し、統一からわずか短期間で名実ともに強固な国を築き上げました。何度か訪問すればすぐ分かりますが、ドイツ人は前向きで活動的です。近年の悲惨な歴史から彼らは大きな精神的負担を負っていますが、私たちの誰がそのことを裁けるでしょうか。ベルリンに住む友人のハンスは、第一次世界大戦が終わって間もなく、父親がわずかのパンを買うためにドイツマルク札をいっぱい詰め込んだ袋を持って家を出て行ってしまったという話をしてくれました。新しい世代に罪はありません。私たちは人類の重い歴史の前に沈黙して佇むのみですが、その出来事は未来を良きものにするために私たちがすべきことを明示しています。それが重要な意味を持っているのです。

ドイツ人の中には、イタリア人は創造的だがだらしないという偏見を持っている人もいて、時にそうした発言を聞き、実際にそう思っている人に会ったこともあります。そんな印象を拭うために、私は約束を守れそうにない事情がある時は必ず事前に連絡を入れ、意識して自分の言ったことを守るように努めましたが、その努力はすぐに報われました。時間を守る、規律を守る、というドイツ人が大切にしていることを実行すれば、彼らと友だちになれる。これは素晴らしく楽しい経験でした。ドイツ人は陽気な典型的イタリア人が好きなので、時にはイタリア式の冗談を言ってからかったりもしました。彼らの自宅に招かれ、互いの文化を比較し、偉大な思想家について話し合うこともありました。会社を立ち上げて最初に仕事をしたドイツと、歩き始めの時代に一緒に仕事をしたこの国の友人たちのことを、今も大切に懐かしく思い出します。

ソロメオ教区の司祭ドン・アルベルトは聡明で人道主義に溢れた友人でした。確かな判断軸を持ち、愚かで有害な偏見に囚われず、すべての人のことを考え、常に前を向いて生きる。そんな生き方を教えてくれた人でした。彼の人となりを理解するには、有名なドン・ミラーニ司教を想像してみてください。常に人々の中にいて、必要とするすべての人々を助け、神の摂理と普遍的な価値を強く信じていたあの有名な司教に彼は良く似ていました。七十歳を過ぎてもタバコを吸い、一晩中一緒にトランプをしたり、サッカーの試合を見たり、話し合ったりしましたが、彼はまさに本物の聖職者であり真の人間でした。

ドン・アルベルトは賢者の知恵と慈愛の心で人生のすべてを他者の利益に捧げていました。彼は戦後間もなく、ソロメオから少し離れたところにあるピエヴェ・デル・ベスコーボの古城に孤児たち集め、一切の財政的支援なく、自分の子どもとして育てました。彼の気高い精神を語り継ぐために、私たちはソロメオ村に公園を作り、子どもたちと一緒に彼を描いた記念碑を置きました。心の深い聖職者であり、友人であり、人生の師であった彼との親交は、彼が亡くなるまで続きました。

ソロメオ村の修復という野心的な計画に取り組もうとしていた私は、プロジェクトを支援してくれる人間味豊かな専門家を必要としていました。いろいろ調べている内に、ある本でマッシモ・デ・ビーコファッラーニという庭園専門の建築家のことを知りました。彼の祖父も庭園建築家で、父は建築家、叔父は長年バチカンの宗教芸術の責任者であった大司教であると記されていました。その記述からは特別な血筋や経歴を持つ人に思えましたが、初めて会った瞬間に彼とは素晴らしい永続的な関係が生まれることを確信しました。

彼は賢く、洗練され、啓蒙的で、夢想家で、品行方正で、礼儀正しく、親切で、風刺好きな、古代ギリシャ人のような人物で、私は彼のことを冗談めかして「私のアリストテレス」と呼んでいます。彼についてすべて説明するには何日もかかるでしょう。人生のビジョンを語り合う素晴らしい関係が私たちの間に生まれ、頻繁に会うようになりました。私は四十五歳で、彼は私より少し年上でした。野心的プロジェクトを推進するには二人ともふさわしい年齢であり、高ぶる気持ちとともに私たちは計画に着手しました。

美しさがいかに大切かについて私たちは共通の認識を持っていました。美に関する認識は、ローマ皇帝ハドリアヌスの「私は世界の美に果たすべき責任を感じた」という不滅の言葉が嚆矢と言えますが、私たちはその概念をソロメオ村の現実の生活に可能な限り反映したいと考えました。事物、人物、理念、様式、言葉の美、生命の美、輝く未来の美。美は外形ではなく、人間の内面の性質が形になったものです。美しいものは素朴で平易であり、美の存在するところには真実が存在します。素朴さは大きく豊かな精神の統合の結果であり、発想や素材の不足によるものではありません。平易さは明確さであり、美への理解を深め、人間の資質を向上させます。

私たちは、人類が長い時間をかけて築いてきた倫理の基準に沿う経済のあり方を考え、私たちが「人間のための資本主義」と名付けた概念について議論しました。人間や自然を傷つけ攻撃せずに利益を生む資本主義、人間の原点と歴史に根差した資本主義。「人間のための資本主義」という構想の一部は、村人の生活を改善するための施策として具体化していきました。そのために、熟慮を重ね、恐れず行動する必要がありました。指針となった考えは常に「人間の利益」であり、すべての生産のプロセスを人間中心に組み立てる、という方法でした。人間をないがしろにして品質は保てないのは明らかであり、この方法こそが、利益を生み、人間の尊厳を回復する経済のあり方だと考えたからです。

哲学への憧れ、村の修復、時間の塵に埋もれた美と尊厳を取り戻す取り組み。そのすべてに大きな充実感がありました。芸術、建築、音楽、政治、宗教、人間について、私たちは幅広い分野でたくさんのテーマを探求し始め、それが新たな魅力あふれる人生の一時期の始まりでした。

小さな会社は成長し、外港に漕ぎ出す帆船のようにソロメオ村に移転しました。歴史を感じる場所で働くことによって、私たちの感性と人間性は磨かれました。天の創造物と人間の生活が美しく調和する環境でこそ、人は創造的になれるのです。

事業の拡大に連れて、海外への出張も多くなりました。アメリカの最初の訪問はとても刺激的でした。ニューヨークの空港に到着し、友人とタクシーで陽の暮れかかるマンハッタン島に向かう途中、ヴェラザノ・ナローズ・ブリッジの付近で突然摩天楼の街が姿を現しました。個性的なデザインの近代都市の景観は私にはまったく新しいものでした。その場所で車を止め、誰がどう考えてこの特別な街を作ろうと思ったのか考えました。もちろんニューヨークの町並みは写真で見て知っていましたが、その瞬間まで私にとっての世界の偉大な都市は、ローマ、サンクトペテルブルク、パリでした。ニューヨークを訪れ、実際に町の景色を見て、それまで知らなかった近代建築と都市計画の重要さに気づきました。

アメリカ人もかつてのローマの人と同様に、自分たちの手で、自然から与えられたものとは別の、何世紀も続く社会環境を築こうと考えたのでしょう。一緒に働くアメリカ人の仕事の質の高さはもとより、世界中に門戸を開き、地球のあらゆる場所から人々を受入れ、一生懸命働いて機会と幸福を獲得する社会を築いたという点で、私はアメリカ人を心から尊敬しています。

その晩私は、ある有名な店に行ってみました。そこは世界の明日が議論され、政治や経済の潮流を知る特別な場所と言われていたので、何よりその魔法の場所の雰囲気を知りたいと思いました。昔通ったなつかしいジジーノとはまったく違いますが、当時の記憶がよみがえり楽しい時間を過ごしました。ジョン・F・ケネディ大統領の長男で、若くして事故死したジョン・F・ケネディ・ジュニアの姿もありました。そのVIPは、イタリア風のシックなファッションを身にまとっており、その場所がファッションやアートのトレンドの発信地でもあることも分かりました。

ニューヨークの後、サンフランシスコに移動しました。人間が生きる上で五感はとても重要で、大切な役割を果たしています。私がサンフランシスコに到着した時、太陽は沈んだばかりで、ホテルに向かう道の両側には街並みと入江が数キロメートルにわたって広がり、無数の照明がきらきらと夢のような光を放っていました。

ホテルに到着するまでの時間は美しさが列をなした小旅行のようでした。ロマンチックで幻想的な町の景色は、温かい歓迎として脳裡に刻まれ、その記憶は決して忘れることができません。アメリカへの旅は、私のアメリカへの理解を深め、愛着を育んでくれました。アメリカとは今もイタリアと同じくらい重要なビジネス関係が続いています。

人間味あふれる町サンフランシスコでは、記憶に残る経験をしました。夜仕事を終えて仲間たちと外出した時のことです。私たちがディスコから出て来ると、そこにホームレスの男性が待ち構えていました。田舎暮らししか知らない私は、こうした出会いに慣れていなかったので、彼に予想外の大金を与えてしまったようでした。感謝にあふれたまなざしでじっと私を見つめる彼の様子が、私は深く心に残りました。ホームレスを生み出してしまうという人間の許容範囲を超える絶望に陥ることもあるのが大都会の現実です。お金の目的と正しい価値を私たちは決して忘れてはなりません。

アメリカへの出張が遊び目的の旅行と誤解されないように、もうひとつエピソードを紹介しましょう。ニューヨークで、次のアポイントまでかなり時間が空いたので、友人と私はセントラルパークを散歩して少しリラックスすることにしました。

それは魔法のように平和な、ありふれた春の午後で、空気は甘く香り、生まれての蝶々が開いたばかりの薔薇の花びらに舞い降り、心は解放され、明るく幸福感に満ちていました。時間が停止して方向性もなく揺らぎ、心の底から届くささやきと周囲の目に見えない感触を感じ取るだけで十分でした。

ふと、大きな池のそばを散歩していると、水面にヨットの模型を浮かべて遊んでいる少年たちに気づきました。印象派の画家の絵のようにとても素敵な情景で、風に向かい、帆を張って滑らかに進んでいくヨットは、緑の芝生に止まる蝶のように見えました。陸の世界しか知らない私には、なぜヨットが風と逆の方向に進むのか理解できませんでしたが、一緒にいた友人が海に詳しく、その秘密は目に見えない船についたセンターボードにあると解説してくれました。

このセンターボードが水中に深く浸かっていないとヨットは風が吹いたら簡単に転覆してしまう。つまり、わずかな風でもヨットは横方向に揺れ、船乗りの言葉で言うドリフトと呼ばれる横滑りが起こり、前に進むことができません。私の頭でこの理屈を理解するのは容易ではありませんでしたが、直感的に思ったのは、船は人であり、帆は精神であり、風は自然の力ではないかということでした。過去の記憶はこのセンターボードのように、私たちに安定をもたらし方向性を保証してくれる。

これがなければ世界史そのものが違っていただろうし、私たち一人ひとりの歴史も変わっていただろう。皆が横滑りし、目的地にたどり着けないまま漂流してしまうだろう。

「確かにこれこそが理性なのだ」。私は独り言をつぶやきました。「過去は単なる郷愁や附属物ではなく、明るい未来のための骨格となり、人々の意識を導く案内人なのだ。私たちは過去から学ばなければならない。肉体は滅んでも精神は生き続けるのだから」。

死も人生の一部です。七十歳だった母を脳卒中で亡くした時に、悲しみとともにそのことを学びました。亡くなる直前の一時間を私は気持ちが混乱した状態で母と二人で過ごしました。その時の記憶も自分の成長の糧となっています。母の手を握りながら私は小さい声で言いました。「愛するお母さん、あなたは素晴らしい人生を送りました。あなたの大きな理想と価値観が私たちを育ててくれました。この瞬間は永遠の別れではありません。あなたはただ、私たちより先に皆がやがて再会する平和な場所に向かうのです」。前にも触れたように、セネカは自分の息子は死んだのではなく、自分と違う場所に自分より先に行っただけだと考えました。だから自分は毎日、その場所にいる息子のことを思い、笑顔で話しかけ、いつも息子のことを心に留めておくことができるのだと。この言葉は本当に感動的です。亡くなった愛する人のことを考えるのは、生きる力の源泉となり、生きる理由にもなります。毎晩眠りにつく前に、私は母やドン・アルベルト司祭、早くに亡くなった親しい友人を思い浮かべ、彼らと少し話をします。他の元気な仲間たちと集まった日の夜は、特に彼らがいない寂しさを感じます。

自分たちの事業の価値を世の中にどう伝えていくべきか。次第にそのことを強く考えるようになりました。ファッション雑誌にささやかな広告を掲載して、イタリアの文化、田舎の生活、人の尊厳、他者の尊重、教育、礼節、丁寧さ、そして環境を保護することの大切さを伝えようとしました。ある雑誌の五月号には、ペルージャ近郊のモンテリピドにある聖フランシスコ修道院の厳かな図書館で、グァルティエロ神父とモデルのレティツィアと私の三人が古書をのぞき込んでいる写真を掲載し、そこに「私たちには新しいヒューマニズムが必要です」というキャプションを書き込みました。マッシモと一緒に考えたこの美しいメッセージは、未来へ向かう瞬間の雰囲気を伝えるものであり、その年のキャンペーンテーマになりました。

マッシモとは古代の思想について繰り返し話しました。そして私たちのキャンペーンのテーマである「新しいヒューマニズム」の原点はローマ時代を遡る三千年前のギリシャにあることに気づきました。アテネのアクロポリスの丘、エフェソスの劇場やアゴラ（広場）、各地に点在する遺跡の数々は、偉大な古代ローマを何よりも体現するローマの中心部から離れた場所にある遺跡を含め、ローマの最も壮大な建造物にさえも覚えなかった感銘を私に与えてくれたのでした。

私たちが古代ギリシャから受け取るイメージは、彫刻家のペイディアスや政治家のペリクレスなどの古典や啓蒙主義の世界観です。ヴィンケルマンのようにアポロン神に象徴される古典主義の研究に人生を捧げた学者や、フォスコロ、レオパルディ、ニーチェ、その他の多くの詩人、歴史家、哲学者によって、古代ギリシャがアッティカ時代の前後も偉大なものだったことを知ることができました。

人間の求める答えはしばしば理性よりも想像の中に発見できます。子どものように純粋で想像力が豊かでなければ、オリンポスの神々の生き生きしたキャラクターは創り出すことができなかったでしょう。矛盾していて、情熱的で、パワフルで、弱点もあるオリンポスの神々は、人間味にあふれた存在です。

神々に生贄を捧げる行為は、より大きな獲得のために所有するものを放棄する、という奥深い考えがその根底にあります。とりわけ、アポロンとディオニュソスの対比には人間性の本質と広がりが象徴的に現れていて、両極端でありながら何れも最高のものであるという二人の神について、ニーチェは「芸術とは地下茎にディオニュソス、花冠に陽光を浴びるアポロンを持つ花のごときものである」という甘い比喩を使って巧みに表現しました。十九世紀の偉大なロシア文学も、ギリシャの古典にルーツを持っており、世界文学史上最高の作家でもあるドストエフスキーとトルストイの二人がビザンチウムのギリシャ人の末裔であるということは、果たして偶然なのでしょうか。詩から演劇、哲学から歴史、文学から神話に至るまで、西洋の文化がギリシャから受けた影響の大きさは計り知れません。それは、アレクサンダー大王によって東方に伝えられ、世界的な普遍性を獲得した文化なのです。

仕事でモスクワに行った時のことです。数年前に訪問した妻から事前にたくさん情報をもらい、自分でもロシアの人々や建築物、生活様式、文化など本で調べてはいたのですが、訪問して彼らの姿を実際に目にして、私の想像と大きく異なり、はるかに奥深い人間性を持った存在であることを知りました。これも特別な経験でした。人類はもっと互いの文化を知り、その違いを知る必要があり、それにはファッションの業界も大きく関係すると思いました。私たちの会社のウェブサイトがドストエフスキーの「美は世界を救う」という言葉で始まる理由はそこにあります。

結局その出張ではロシアと商売を始めるには至らず、ソロメオでは会社の役に立たない無駄な時間だったと考えた人もいましたが、私の考えは少し違いました。その訪問でロシアがこれから大きく変化することを直感し、その直感が正しかったことは後の時間が証明してくれたのです。

ロシアに滞在中、私はある顧客の自宅に招待され、典型的なロシア流の優しいおもてなしに感動しました。夕食後、氷のように冷やしたウォッカを飲みながら葉巻を吸おうとしていると、彼から音楽を聴こうという誘いがあり、私は喜んで提案に従いました。リビングルームに席を移すと、そこには少しほこりを被った古いターンテーブルがあり、その部屋全体に素敵な印象を与えていました。たくさんのレコードライブラリーの中からその感じの良い主人が選んだのは、ロシア軍合唱団の三十三回転式のレコードで、私の期待とは少し違ったのですが喜んで聞くことにしました。部屋の明かりを消して耳を澄ましていると、何ということでしょう、その曲の悲壮な調べは一瞬で私の心を掴んでしまいました。本当に魔法の音楽でした。生き物のように調和した合唱から生み出される旋律は、限りなく奥深い苦悩を、時には雷鳴のように、時にはそよ風のように奏でる感動的なものでした。その音楽はノルマン人のルーツから遠く離れて無限の大草原に生き、東洋の文化と混ざり合ったロシア人の魂を感じさせ、それを聞いて私はチェーホフやプーシキンが描くロシア精神の偉大さの本質が理解できた気がしました。ロシア人の精神性は時に私たち西洋人と異なる形で現れますが、それが彼ら独自の永遠のものであることは歴史が証明しているのです。

さて、ソロメオに話を戻しましょう。私たちの会社の名前は次第に世間に知られるようになり、仕事は広がり、会社は成長していました。成功の理由のひとつはメイド・イン・イタリーのカシミヤ製品が革新的で現代的であったこと、もうひとつは人間の尊厳、哲学的ビジョン、人類に向けたプロジェクトというメッセージが人々に伝わったことでした。伝統の価値を守り未来につなげることは、もはや私たち全員の意思となっていました。

小さな村の修復作業が一旦完了し、私たちは中世の城で和やかな雰囲気に包まれて快適に働き、村民の生活の質は向上しました。私たちの会社では、ブルーカラーとホワイトカラーの給与の差がなく、世間の平均よりも少し高く、高い技術を持つ職人はそれよりさらに少し高くあるべきだと考えていました。三か月ごとに株主が集まり、事業の全体から細部まで、どんな小さなことも分析し検討しました。例えば、ウンブリア州の郷土料理を提供するレストランでの昼休みも大切にしていました。出勤のタイムカードはなく、朝は全員八時に工場に入り、仕事は夕方五時半に終了します。それが普遍的で正しい人間の労働の姿だと私は考えています。

中東文化史上ダンテやシェイクスピアに匹敵する十四世紀アラブの重要な思想家、イブン・ハルドゥーンに「歴史序説」という偉大な著作があり、そこに正当とは何かという概念が扱われています。正当な労働は適切な収穫を願う農民の生活から派生したもので、それは私が子どもの頃から当たり前に思っていた価値観なのです。

ウンブリアのほとんど無名の小さな村でいったい何が起きているのか、中世の古臭い村にどんな新しい働き方があるのか、古い城がどうやって機能的で現代的なオフィスに負けない機能性を持てるのか。そんな興味から海外の新聞社がインタビューにやって来ました。常に最新の情報が求められる現代のビジネスで、私たちの会社はインターネットの発展から取り残され、孤立しているのではないかと思われていたようです。事務所である城の内部は、移動には階段を使い、部屋は小さく分かれ、壁にはフレスコ画が描かれていましたが、そうした環境が事務所として完璧に機能していました。せわしない現代のスピード感には合っていなくても、人間の精神にふさわしい環境であることが私たちにとってはるかに重要でした。

テクノロジーが想像を超える速度で進化し、アマゾンやヤフーが登場し、ヨーロッパの人々もインターネットが巨大な革命であることを理解し始めました。全貌はまだ見えませんが、ウェブの技術は三千年紀の人類史上で最も大きな社会の変化をもたらしています。私たちは現在、不安と期待の中で新しい時代を生き、その呼吸を感じています。

新聞以外からもソロメオで起きていることに広く関心が寄せられるようになり、ミラノのボッコーニ大学では特別の研究対象に取り上げられました。会社は健全な利益を上げる一方で、経営は哲学を掲げていました。過剰な利益を求めず、正当な成長、正当な利益、すべてにおいて穏やかであることを目指しながら、製品の輸出先は広大で美しい南米まで拡大していました。

中南米の人々の素晴らしさは人間の普遍性と親密さを象徴している点にあります。メキシコ、チリ、パラグアイ、ウルグアイ、ベネズエラ、コロンビアなど、この魅惑の土地の人々の切れ長で美しい瞳や、濃い肌の色、ゆっくりと調和のとれた神秘的な身のこなしは、何千年も昔に想像を絶する勇気で、欧州から北米、そして地球の裏側へと移り住んだシベリア人の記憶を呼び起こします。私たち欧州人も、長い時間の経過によって肌の色は薄くなりましたが、元々はアフリカからやってきたのです。

かつて旧世界と呼ばれていた地域は、今、移民の動きにおびえています。見知らぬ異国人へのいわれない恐怖があり、育った環境のまったく違う人々に伝統文化が破壊されるという意見も聞かれます。人間には誰しも新しいものへの恐怖がありますが、人間の文化は例えれば地中に深く根を張った一本の大木であり、樹木が新芽を芽吹いて樹液を若返らせるように、人間社会においても新しいものは次代の精神を生み出すエネルギーの源であると思います。

大都市メキシコシティは魅惑的で大好きな町です。タクシーに乗った時、前の座席の背もたれにかかった名札を見てその運転手がイタリアの出身であることが分かりました。明るくて人なつこい感じの運転手は、私の問いかけに「そうです。理由は忘れましたが祖父はイタリアから来ました。でも私は完全なメキシコ人です」と答えました。彼の口調には粋な自負心が込められていて、感動とともにいろいろ考えさせられました。

かつてこの大陸でも、強力な征服者が武力で先住民を抹殺し、全滅の危機に追いやった歴史があります。しかし近代になって排除は統合に置き換わり、それが世界の普遍的な傾向になりました。アルゼンチンやブラジルにやって来た外国人は、誰でもアルゼンチン人やブラジル人になることができ、ただ新しい土地の文化に染まるのではなく、故郷の文化も大切にすることで社会を豊かにするのです。統合と普遍を尊重する取組みは、人間と自然とテクノロジーをバランスよく調和させ、世界に明るい未来をもたらすと私は信じています。

テクノロジーは人間に多くの利点をもたらす一方、残滓も吐き出します。例えば騒音は、当初はさほど不快に感じなかったものが、産業化が進むにつれてどんどん拡大していきました。

騒音公害はいたるところに広がり、静寂の場所を見つけることは容易ではありません。世界中の大都市ではどこでも、深夜窓を開けると鈍いざわめき音が絶えず聞こえてきます。これが現代の都市の声です。

私は静寂を大切にしています。聖ベネディクトはこう言っています。「暗い夜でなければ星は輝かない（Non nisi ab obscura sidera nocte micant）」。内なる声の美しさを感じるために静寂は欠かせません。子どもの頃、田舎で、ひとりで何時間も過ごした時に聞こえた、鳥のさえずり、ポプラのざわめき、掘割を流れる水の音。自然の声が聞こえることで静寂は一層豊かに感性を刺激し、人間に必要な完全な時間がゆっくりと過ぎていきます。

静寂の中に自然の音が加わると、古代の歌が思い浮かんできます。静けさ、旋律、ゆったりとした時の流れは相互に絡み合っているのです。目を閉じて耳を傾けてみましょう。あなたの時間を慌ただしく奪う者がいなければ、あなたの心はきっと豊かな情感で満たされるはずです。

王侯貴族の儀式に見られる抑制された沈黙を私たちは美しいと感じるはずです。私たちが年長者に尊敬を抱くのは、他人より優れているからではなく、長く生き、知恵を蓄えていることから生じる沈黙のためです。老人たちの沈黙の言葉を聞くことで私たちは学びを得、苦痛を和らげることができるのです。ソクラテスが生徒たちに一番初めに教えたのも沈黙の価値でした。

マッシモと語り合ってきたことは、結局、仕事以上の何かであり、詩的な何かでした。私たちが取り組んできた村の修復や美化の意味は、「ソロメオの夢」というこの本のタイトルからお分かりいただけると思います。テクノロジーに頼り過ぎずに革新的と言えるプロジェクトを考えることで私たちの情熱は高まり、未来を見通す目が育ちました。人間の幸福のためにという考えは、人にも自然にも害や苦痛を与えずに豊かに生きることだと思えたからです。

修復の仕事が村の姿を一変させてしまわないことを私たちは願っていました。数年ではなく数世紀という時間軸でかつての快適な暮らしができるようにこの村の生活を再生したいと考えていました。そのために私たちが重要だと考えたのは、自然と人の手が調和した風景というコンセプトでした。

自然の景観はそのまま放置してすべてが美しいわけでもなければ、良好に保存されるわけでもありません。私たちは、簡素さと想像力によって美しさを再生させることを考えました。ジャンバッティスタ・ヴィーコが「真理と事実は置換できる（Verum-Factum）」と言ったように、行われた事実は真理になり得るからです。村の修復に取り組んだ日々は、あっという間に過ぎました。毎日毎日、繰り返し、小さなものから大きなものまで、あらゆる適応方法を創り出す必要がありましたが、すべての作業を統一的な感性と創造性に従って行ったので、完成したものは細部まで行き届いた調和を保つことができました。

ヴェネツィア、シカンブリ、
カルタゴ（アリッサの時代）、ローマ（ロメロの時代）の建設
トロイの木馬はいかに多くの偉大な土地を征服し定住したか。
ルーアンのエシェビナージュのマスター（15世紀）
（パリ、フランス国立図書館）

第05章

世界へ

CHAPTER 5

VERSO IL MONDO

瞑想と行動は深く結合している

フランシス・ベーコン

企業家として、人間としての私の思想や行動がアドリアーノ・オリベッティの影響を受けているかと時々尋ねられます。オリベッティ氏とその思想は非常に尊敬しており、例えば彼の次のような言葉は大好きです。

理想郷《ユートピア》という言葉は、何かを成し遂げようとする意志や能力や勇気がないのをごまかすのに便利な言葉だ。夢はそこに向けて動き始めるまではただの夢でしかないが、着手した瞬間から大きな目標に変わるのだ。

しかし、彼の時代と現在では国内外の社会や経済の枠組みは大きく変わっており、新しい発想や取り組みが求められていると思います。人間性の希求という点は同じですが、経験したことや歴史的な背景が異なり、彼と私はやはり別であると感じています。

私自身はむしろ、オリベッティよりずっと昔の会社で、十九世紀スコットランドのニュー・ラナークの繊維工場に斬新な労使関係を取り入れたロバート・オーウェンの思想に近しさを感じます。彼の理想は倫理的であり大変興味深いものです。彼はその実績を以て労働者に平均以上の給与を払い、残業をさせずに好業績を上げられることを証明しました。私もオーウェンと同じように、会社を正しく発展させる基礎は、合理性と伝統と自然の価値をそれぞれ適切に融合させることだと考えています。アリストテレスも次のように言っています。「善良で卓越した人間になるために必要な要素は、理性、習慣、自然の三つである」。

西暦二千年紀が終わりを迎え、新世紀への期待に胸が膨らみました。美しい作品が完成したばかりでしたが、私はすでに新しい目標に向けて動き始めていました。

ある晩、葉巻をくわえて静寂に包まれた村の中を散歩し、そこここで進めていた作業と並行してまさに修復を終えようとしていた教会の前に着きました。ステンドグラスの窓に描かれた敬愛する聖フランチェスコと聖ベネディクト（もちろん守護聖人の聖バーソロミューも）を見上げ、私はふと、イタリアの小説家クルツィオ・

マラパルテ風のおどけた調子でこう話しかけました。「愛しい聖フランチェスコ、愛しい聖ベネディクト。私はあなたたちを助けることができます。修道院や他の施設を修復することができます。アフリカに病院を作ることもできます。それは何れも美しいことです。しかしあなた方には、次に私が何をすべきかを教える義務があります。来るべき新世紀に、私とマッシモはいったい何をすればよいのでしょう」。そしてそのすぐ後、この場所に劇場を建設しようという感動的なアイデアが浮かんできました。

それは金曜日の夜のことでした。家に戻って夕食を取り、すぐにベッドに向かったものの、様々なアイデアや疑問が次々と浮かんできて、なかなか眠りにつけませんでした。翌朝、早々に起き出して受話器を取り、劇場を建てる構想をマッシモに伝えました。マッシモは普段は夜中の三時に起きるので、朝早い時間に電話をかけることは何も問題ありませんでした。時間に正確な点では、彼も私もまるでドイツ人のようでした。

こんな人間味あふれる逸話があります。彼は毎朝ベスパのスクーターに乗って仕事に向かいます。いつも朝六時きっかりに教会の前を通り過ぎるのですが、ある冬の日、道の真ん中に黒い人影を見つけてバイクを止めました。それは教会の司祭でした。その司祭は、間もなく引退して教会を離れることになっていて、その前に彼にひとこと挨拶したかったのでした。司祭は言いました。「会えて良かったです。あなたが毎朝同じ時間に通り過ぎると知っていたので、ここで待っていたのです」。

カントの家の近くに住んでいた人たちは、カントが道を通る時に時計の時間を調整したと言われていますが、マッシモと私もそれに似ています。彼は時々、朝の六時に私の家に電話をしてきますが、妻のフェデリカにはそれは信じられないことのようです。「こんな時間に電話してくるなんて、いったい彼はいつ眠っているのかしら」。

電話の話に戻りましょう。私は彼に言いました。「すごく夢のあるアイデアを思い付いた。五百年後、千年後の人々に受け継ぐ劇場を造りたい」。すると彼はこう答えました。「素晴らしいアイデアだ。でも劇場だけではなく、村人の集う広場や哲学の庭、図書館、学校も造り、精神と文化の拠点にしよう」。

翌日、早速私たちは新しいプロジェクトについての協議を開始し、かつてゲーテがスポレートの遺跡の前で古代の建築を定義したことを思い、想像に胸が膨らみました。

古代人にとって建築は公益を目的としたもうひとつの自然であった。そのために彼らは円形劇場、神殿、水道橋を建設したのである。

劇場の建設地には城の隣の土地が良いと思いましたが、所有者の老人はそこでニワトリやガチョウを飼っており、菜園として使っていたので私たちには売ってくれそうもありませんでした。

ある日、私は彼に会う準備をしてこう話しかけました。

「ちかぢか私を夕食に誘ってくれませんか」
「私の家に夕食を食べに来るってことかい」
「もちろんです。何かおかしいですか」

ウサギの肉と野菜の炒め物の夕食は絶品でした。しばらくして話題が例の土地の話に移ったので私は冗談交じりにこう言いました。「私に土地を売ってくれたら、そこに劇場を建てようと思っています。そうしたら何が起こるでしょう。あなたも私もいずれ近くの墓地の住人になり、退屈な毎日を過ごすようになりますが、もし近くに劇場があったら何百年も一緒に楽しめるじゃないですか」。彼はしばらくびっくりして私の顔を見ていましたが、帰る間際に方言混じりの言葉でこう言いました。「君は私に似て少し変わっているね。でも君の言うことはその通りだ。あの土地は君にあげよう」。その夜がなければあの美しい劇場は存在しませんでした。

私とマッシモは、ヘラクレイトスの思想に倣ってギリシャのポレモスのような言論を戦わす場を作りたいと考えていました。ソロメオを小さな小さなアテネのような場所にしたいと思ったのです。私たちが長く議論したことはすべて本質に関わることでした。ソロメオに古代ギリシャのアッティカ精神を再興したいと思っていた一方で、現実に暮らしている村の小さな生活を活気あるものにしたいとも考えていました。

その間も、新しい顧客に会い、新しい店を開くために世界中を飛び回り、たくさんの人間的な出会いを経験しました。ドイツ、アメリカ、ロシアの次に海外出張で訪問したのは日本でした。日本の文化について多少の知識はありましたが、初めての訪問はやはり特別なものでした。東京に着いてすぐに、日本の食事や生活習慣が私たちとはまったく違うものであることを知りました。日本人は他者への敬意と秩序を重んじる意識が強く、固有の文化に根差した洗練された儀式感覚が発達しています。お茶のもてなしひとつとっても無数の厳しいルールがあり、秘技とでも言えるような側面を持っています。街中には物乞いする人はおらず、社会の隅々まで深い尊厳の念が行き届いていました。

おもしろかったのは、日本の顧客が異なる宗教施設の観光を盛んに勧め、実際に連れて行ってくれたことでした。日本人は幅広い宗教を受容し、受容する宗教の数が多いほど精神が豊かであると考えているという説明でした。私たち西洋人は反対に自分が信じる宗教への信仰の深さで敬虔さを判断します。日本人の宗教観は受容の精神の現れであり、多少の違いはあれ多くの東洋人が同じような宗教観を持っているのに対し、私たち西洋人の宗教は排他的です。

一方、日本人にこのようなハビトゥス（習慣）があるからと言って、それによってものごとが遅れることはありません。彼らの選択と行動は常に正確で明確です。多様さを受け入れる考え方は彼らに誤りを素早く修正する能力をもたらしており、私は日本人のこの点が大好きです。間違いを犯したと気づいた時、日本人はあれこれ考えず、立ち止まって間違いを修正し、始めからやり直そうとします。私はこのやり方の優れた点を学び、自分をコントロールする方法として活用しています。受容の精神から学ぶことはたくさんあります。多様な経験に向き合い、それを受け入れ、環境の変化に敏感でいるには努力が必要ですが、その努力は、全体像を把握し、楽しみであれ、仕事のためであれ、自分が得たいと思うものを得ることができます。この国の人々は悲惨な原爆投下を経験しましたが、その悲劇によって彼らが教えてくれたことに対し、私たちすべての人類は深く感謝する必要があると思います。

メイド・イン・イタリーのカシミヤニットウェアとして市場で認知されていた私たちのブランドも、売上が拡大するに連れて、主に海外の市場からカシミヤセーターだけでなく他の洋服、バッグ、靴、アクセサリーなどを含むトータルウェアを作って欲しいという要望が寄せられるようになりました。そして新しい世紀を迎えるタイミングで、紳士と婦人のハイエンドな市場に参入するという会社のターニングポイントとなる方針を決定しました。婦人服はラグジュアリー、スポーティ、シックをコンセプトにしてコレクションを拡充し、紳士服は私個人の趣味で揃えたワードローブからインスピレーションを得て、現代的で、エレガントで、スポーティな男性をイメージしたものにしました。

廃棄するのではなく、ケアをして大切にするという考えが常に私の頭からは離れません。大切にするという考えは、天から与えられたものを徒に消費せず適度に使用するということであり、大小を問わずあらゆるものに当てはまります。エピキュロスは、人間はふたつの大きな課題に向かわねばならないと言っています。ひとつは幸福を求める精神の苦悩であり、それが一人ひとりの生き方を左右します。もうひとつは良い環境を守るために大地の産物を徒に消費せず上手に使用することです。

精神の苦悩。大きな衝撃に遭遇した時、人の心は押しつぶされます。2001年9月11日、ニューヨークであの恐ろしい事件が発生した時、仕事をしていた私にひどく動転したフェデリカから電話があり、すぐ家に戻るようにと言われました。イタリアは午後三時でした。テレビに衝撃的な映像が流れ、ニューヨークは完全に混乱に陥っていました。私は城から百メートルほど離れた家に走って戻り、世界中の人々とともにその大惨事を目撃しました。五時頃に事務所に戻って書斎の机に向かいましたが、何も考えることができませんでした。何世紀も年を重ね歴史を伝える古代の石壁とそこに描かれた壁画の筆致、十七世紀に流行したペストもしくは黒死病の時に消毒剤に使われた生石灰。ただ呆然として目に入るものを見つめていました。この場所で、果たしてどれだけの人が愛し、苦悩したのでしょう。今日起きた事件を当時の恐怖と比べ、何もかもがこのまま永遠に続いていくように思え、何もかもが日常から遠く離れていくように感じました。集中力が深まり穏やかな気持ちになれる書斎の孤独な空間の中で、大惨事を目の当たりにした私は改めて、自分が地上の万物の一部であること、そしてそれらの万物の保護者として、歩哨、見張り番として、少しでも世界を良いものにするための行動を直ちに開始しなければならないと思いました。

翌日、私はローマに行きこの町の永遠の美を眺めながら、心の中でハドリアヌス帝の言葉を思いました。

どんな小さな町であれ、不正な商人を取り締まるために分銅を検分し、道を掃除し、灯りを灯し、無秩序、怠惰、不正、恐怖に抗い、理性で法を解釈する熱意を持つ行政官がいる限り、そこにローマがある。ローマが滅ぶ時、人類も滅ぶのである。

さて、フェデリカは自分が所属する合唱団「カンティクム・ノヴム（新しい歌）」のコンサートでノルチャに行き、その帰りにそこで出会った神父のことを熱心に話してくれました。「ベネディクト派のカシアン神父という人が、米国から三人の若い修道士とやって来て、教会の横の二百年も使われていなかった聖ベネディクト修道院を再開したそうよ」。

勇敢な布教活動を続ける宗教家たちにとても興味を抱き、私は彼らに会ってみたいと思いました。実際に会って彼らの知恵がとても重要なものであることが分かりました。私が修道会について何か本を書くとしたら、表紙にはカシアン神父の顔を載せるでしょう。ベネディクト派の教えに忠実な生き方と時代を超えたエネルギーが融合した、とても魅力的な人物でした。神父たちは夜明け前に集まって祈りを始め、一日の仕事はすべて決まっています。私は朝六時にノルチャに到着するため、四時に起きて家を出発し、早朝に彼と会いました。聡明で愛想の良いこの宗教家から、私は、仕事、家族、休息、レジャーなど、人生の種々の側面を精神的視点からとらえ直すことの重要性を教えられました。学びによって心を癒し、祈りと労働で魂を癒す。そういう日々の習慣がいかに大切かを私は彼のおかげで理解しました。

十代の頃、聖職者になりたいと思ったように、私にはずっと精神性への憧れがあったと思います。今も私は、祈りで魂を癒し、学習で心を癒し、自分に語りかけて精神を癒すことに一日の二時間ほどを充てるようにしていますが、これもまたカシアン神父の教えによるものです。私にとって、カシアン神父は、ベネディクト会の戒律と人間味あふれるカリスマ性の両方を象徴する人物なのです。

トータルウェアの戦略を採用したことで会社の組織を拡充する必要性が生じ、私たちは本社の移転に向けて動き出しました。そして、村の平地にある長年置き去られていた1970年代の古い工場を購入することを決めました。マッシモも私も、いわゆる工業建築物であっても、控えめで優しく美しいデザインに改修することで自然の景観に調和させることができると考えていました。美しい田園風景の再生に取り組んでいる中で、そこに新しい本社を設置するのは思い切った決断でしたが、私たちにはその地霊に耳を傾け、その美観を活かすことで自分たちの判断の正しさを証明できるという確信がありました。

古い工場の修復は着々と進み、新社屋は私たちがイメージしていた通りに完成しました。木製の新しい回廊には、心地よい風が通り抜け、陽光が差し込む大きな窓からは、薔薇の花と松の木と糸杉に囲まれた噴水や、新しい花や木々の緑など、周囲の景観を楽しむことができます。すべてが自然と調和して環境の価値を高めています。社員たちはこの新しい施設の中で、噴水が奏でる小さな音を聞きながら自然と触れ合って働いています。これは自然の景観に工業建築物を調和させて新しい価値を産み出す一つの実証例であり、一緒に働く社員たちや外部からの訪問者の評価がその成功を証明してくれています。アイデアを考えることとそれを実現することは別のものであり、優れたアイデアでも実現の仕方が乱暴であればすべてを台無しにしていいます。

本社が移転して事務所の役割を解放された城は職人学校の校舎に変わりました。構造的にも会社機能に適していたのですが、城本来の芸術的歴史的価値に沿って活かされる運命にあったのだと思います。職人学校は人間に対しても社会に対しても重要な役割を担うもので、すべては統治のあり方につながっています。１３０９年に制定されたシエナ憲法は、統治者の第一の義務を次のように定めています。

訪れる人々の喜びのために、我々の名誉のために、都市と市民の反映と成長のために、とりわけ町の美しさに留意しなければならない。

マッシモと私はアートフォーラムの構想で大忙しでした。劇場の外壁の石積みは形や大きさの異なる粗い石を様々な高さの列に配置することで親しみを演出しました。この技術は大昔の純粋な職人技に近いもので、時間と費用の増加を覚悟してひとつひとつの切り石を人の手で削っていく必要がありました。

マッシモとは作業の進め方や建築や美の原則について議論を重ねました。生き物が呼吸するような作業現場や日々美しい形を見せつつある建物を目にしながら、彼との議論は結局人間性を巡る話になりました。

マッシモは目の前の課題についての自分の考えを短いメモ書きにして渡してくれました。家族とくつろぎながらそのメモに目を通している時は、たいがい小さなカロリーナが私のそばにいました。彼女はｎｏｎ（いや）という言葉を知らない優しい子で、当時まだ八歳くらいでしたが、すでに芸術的な感性を示し始めていました。調べものをしている私の隣で彼女は自分の洋服のコレクションをデザインしたスケッチを床に広げていました。プルオーバーやジャケットのその小さな素敵なスケッチを今も私は手元に持っています。その後、ファッションのイベントで出張する時は、一緒に連れて行ってほしいとせがむようになりました。九歳年上のカミラも人懐っこくて愛情の豊かな子どもでした。高校卒業後はおそらく父の後をなぞって大学に進学しましたが、入学して一年経ち、いくつか試験を受けた後に大学での勉強はもう続けたくなくなっていました。「お父さんの会社で働きたいのだけど、どう思う」。彼女は私に尋ねました。

「それはもちろん構わない。君もカロリーナも自分の思うままに人生を生きるべきだと私は思っている。でも、会社経営の才能は所有権を譲受するのとは訳が違うということは忘れてはならないよ」。

彼女たちに天の恵みがあり経営者の役割を果たせれば、私としてはうれしいことですが、そうでない場合は他の誰かがこの会社を経営すべきである。これは私がずっと考えていたことです。そして、彼女たちにはこの仕事よりもっと他に上手にできることがあると考えるのは決してつらいことではありません。旅と同じで、それは新しい世界に出会う得難い経験をもたらしてくれます。

1980年代の後半に中国に初めて出張した時はとりわけ強烈な経験をしました。香港に到着し、通訳の女性とレストランで合流したのですが、彼女はまだ大きく重たかった初期の携帯電話を食卓の上にどんと置き、こう言いました。「どうぞご覧になって。この機械はいずれ当たり前のものになって、あっという間に皆が一台ずつ持つようになりますよ。そしてもっと小さく使いやすくなりますから」。私は携帯電話を見たのが初めてだったので彼女の言葉の意味がよくわかりませんでしたが、親切で礼儀正しい彼女の対応には好感を持ちました。

私は個性的な中国の人々のことをもっとよく知りたいと思っていました。良くも悪くも世界中の都市ではその場所ならではのものを見出すことができます。地方に行った時は彼らの真実の姿を知るためにその伝統文化を経験しようとしました。彼らの自宅を訪れた時はいつも歓迎され、失礼な思いはしたことがなく、彼らの温かい人間性を感じていました。

近年、中国は大きな変化を経験し、豊かになるための競争は時に西洋の人々にある種の不安をもたらす一方で、全世界で未来への期待も生み出してもいます。中国社会の基礎には家族や伝統というルーツがあり、中国人の特徴は常に未来を見続ける点にあります。羊飼いの人々に会い、カシミヤの品質や価格を話し合うために内陸地方にも行きました。地方の人たちの生活は私が農家の子どもだった頃と似ていますが、それは文明とは対照的なものなのでしょうか。中国は何千年にもわたりアジア全体に大きな影響を与えた文化を築いてきました。それは私たち西洋の文化とは異なり、多様な経験や発想や現実を受け入れる包括的な文化です。この文化的気質は伝統的な家族や労働や社会の慣習を保ちながら、中国人の創造性の源となって技術や産業分野での驚異的な飛躍を可能にしたのだと思います。

何とか仕事の予定をやりくりして、運転手役の友人、シャオフェンに故宮と天壇に連れて行ってもらいました。故宮に到着した時はちょうど休み時間でしたが、入口の係員はとても親切で、はるばる商売をしにやって来て偉大な中華民族に魅了された現代のマルコポーロのような私たちの入場をあっさりと許可してくれました。中国の最高神である天の下で古代の建物の中を歩きながら、私の中で、本で学んだ知識ではわからない何かが形を取り始め、孔子のことを考えました。西洋とは異なる何世紀も受け継がれた普遍的な価値に、孔子は生命を吹き込みました。それは人間の原則と永続性に関わる知恵であり、人間の幸福の源です。孔子の思想は中国の高貴な人々の支柱であり、歴史と政治に揺られながら強固に保たれ続けた精神であったと思います。故宮を巡りながら、孔子は老子と並ぶ中国精神の原点でありその現れであることを理解しました。

さて、もう一度ソロメオの話に戻りましょう。ルカ・ロンコーニ演出のオペラ

「精霊の森で（Nel Bosco degli Spiriti）」をこけら落としとする劇場の開業がいよいよ近づき、俳優、技術者、監督たちがソロメオにやって来ました。劇団は約一か月滞在し、その間二十名ほどの役者を迎え入れた村は、まるで夢を見ているような魅惑の雰囲気と興奮に包まれました。準備のために関係者全員が熱心に働き、ある晩は音楽担当のルドヴィコ・エイナウディがディスクジョッキーになり、劇場を音楽スタジオに変身させて皆を楽しませました。残念なことに、皆が尊敬する監督のルカ・ロンコーニは、リハーサル開始の数日前に腎臓疾患が悪化して透析の治療を受けることになりました。その間、彼は午前中治療でペルージャに通い、午後はリハーサルのためにソロメオに戻ってきました。こうした経験をすべて前向きに受け止めることが自分を癒し働く力になるのだと彼は私に話してくれました。「自分はソロメオの住民である」と彼は宣言し、小さな村は彼の人生の一部となりました。初日の公演は最高の形で進み、一切の不具合なく大成功を収めることができました。

ソロメオのクチネリ劇場で素晴らしい芸術家たちに会えることは得難い経験です。天才演出家のピーターブルックは、去年九十歳でここにやって来ました。公演の後、夕食に入った静かなレストランで会話が興に乗ってくると、彼は私にこう言いました。「私はずっとシェイクスピアとともに生きてきました。人間の不可思議について知っておくべきほとんどのことはシェイクスピアから学んだのです」。いくつになっても、生きたい、夢を見たいと輝き続ける姿は感動的でした。

公演が済んだ後の夕食会は、短い時間に互いを理解し豊かな人間性に共感する、私にとって魔法の時間です。ソロメオ劇場には、イザベル・ユペール、ジョルジオ・アルベルタッツィ、ジャン＝ルイ・トランティニャン、パトリス・シェロー、その他世界の演劇界の第一人者を多数ゲストとして迎えています。ゲストたちにもソロメオ訪問からぜひ何かを得て帰って欲しいと願っています。こうした数々の貴重な出会いから、人間らしい喜びと人間ならではの恩恵を得ているのだと思います。

劇場を中心とするアートフォーラムが完成した年も私たちのビジネスは安定した穏やかな成長を続け、会社は黒字で終えることができましたが、九月にアメリカの大手銀行が破綻し、国際金融の世界は耳をつんざく大騒ぎとなり、世界中の人々が底知れぬ不安に陥りました。

その事件の翌日に私の会社は四半期の重要会議が予定されていました。この会議はほとんど私が話をするのですが、その前に各部署のマネージャーと業界の状況から世界の動向まであらゆることを率直に話し合います。そこで私は皆にこう言いました。「正直なところ今何が起きているのかは私にも分かりません。おそらく我々の想像を超えた大きい何かが起きたのでしょう。この会社には五百人の従業員がいますが、危機を耐え抜くお金が二年分あります。だから心配することはありません。ただ、今日は皆に特別なことをお願いしたいと思います。明日から一人ひとりが今日よりもさらに秩序正しく、愛想良く、創造的で、魅力的であるよう努めてください。それが我々にできるただ一つのことです。それ以外のことは我々の外部で起きていることであり、我々には何もできません。だから心配することは無意味なのです」。

トーマス・モアはこのように言っています。「神よ、変えることができるものを変える力と、変えることができないものを受け入れる力を、私に与えてください」。あの危機の中で私たちにできることは、より良く生きるように努めることでした。私はすべての顧客に個人的に手紙を送り、こう書きました。「親愛なる皆様。私たちは何年も一緒にお取引をさせていただいて参りました。今何が起きているのかは分かりませんが、皆様にとって私たちが信頼できる存在であることはお知り置きください」。その手紙には非常に感動的で温かい反応をたくさん頂きました。皆が困難にある時は、互いに敬意をもって他の人のために自分のできることをすれば、皆の困難は少し楽になるでしょう。今日この一日も、私たちは、絶え間なく築き上げられた人間同士の関係に支えられて生きているのです。

東洋の弁論術はとても洗練されていて、聞き手に気持ち良い影響を与える言葉や、相手を傷つけるのではなく、相手の傷を癒すような言葉を使います。マッシモは、敬愛する叔父が「否定的な言葉は口から出やすく、一旦出てしまうと回収が難しく、それが引き起こした傷を癒すのに多大な努力が必要となる。だからいつも思いやりを持って人に接することが大切だ」と言っていたと私に話してくれました。マザーテレサが言うように、優しい言葉は簡潔で発音しやすく、無限の効果を持っているのです。

今日、私たちは思いやりの大切さをますます強く感じます。それを一番求めて実践しているのは若い人たちです。結局のところ、思いやりは寛容の心と倫理感から生まれ、精神の美しさが言葉になったものです。優しさは何かの手段ではなく、精神のあり方、精神の表象、人間の足跡と考えなければなりません。優しさにはいろいろな形がありますが、私が一番好きなのは保護するという考え方です。ゲーテは「親和力」の中で次のように書いています。「真の優しさは深い道徳心が根幹になければ外に現れ出ることは決してない。礼節の心は愛に似ていて、思いやりはそこから生まれるのである」。

仕事で海外に行く機会はますます多くなりました。モンゴルへの出張は都会の空気を知らずに過ごした子ども時代を思い出させる旅でした。限りなく広い大地に降り立った時の気温は氷点下二度でしたが、午後には十八度まで上がりました。広大な青空を強風が吹き抜け、人の姿を見かけることはほとんどありません。きらめく星空と完璧な静けさの下で、モンゴル式住居のフェルト製のテントであるユルトに二泊しました。天の創造物の魅力をこの時ほど強く感じたことはありません。寝食を共にした羊飼いたちの生活は、まったく別のものではあれ私の育った田舎を思い出させ、毎日をとても前向きに生きているように見えました。案内役の少年のモンゴル人特有の寡黙で孤独な様子も、とても好感を抱かせました。

初日のユルトでの夕食に出てきたのは、モンゴル人にとって特別の煮込んだ山羊の肉料理でした。彼らは動物の飼育と狩猟で生計を立てていて、山羊からヨーグルトのミルクと貴重なカシミヤを、雌馬の馬乳から発酵酒を手に入れます。食肉で手に入れやすいのは山羊だけです。山羊の煮込み料理のもてなしは、とても素敵で感動的なものでした。

食事の後は皆で一緒に踊り、馬乳の発酵酒を飲みました。イタリアからの来訪者を歓迎して皆で歌を歌い、私はお酒をたくさん飲まされ少し酔っぱらいました。それから酔いの回った私に民族衣装を着せ、舞踏相手を選んで一緒に踊れと言いました。その相手を腕に抱えてくるりと回すのが彼らの踊りなので、私は一番小柄な女性に舞踏相手をお願いしました。踊り自体も楽しい趣向でしたが、客人にまるで兄弟のように親しく接する彼らの人間性にとても感動しました。

モンゴル人は、優れた狩猟者であると同時に自然の保護者であり、自分たちが食べるために必要なだけの動物を狩猟し、屠した動物に謝罪の意を捧げます。人と自然の関係を叙情的に描いた黒澤明監督の作品、「デルス・ウーザラ」を思い起こさせる世界です。

モンゴル人は武道に秀でており、鞍を着けずに馬に駆ります。馬に乗る時は鮮やかな色の房飾りが付いた武具を着用するのですが、彼らは革と織布でできたその武具を私に着せ、誰かと競争させようとしました。比較的小柄なモンゴル人の武具は多少窮屈でしたが、私は少年の頃武道場に通い、なかなか優秀な成績だったので、体面を保つことができました。本物の馬乗りの曲芸を披露してくれて、その喜ぶ様子は、とても自然で魅力的でした。

遠い世界に暮らす人々と私たちの習慣のどこが似ていてどこが違うかを知るのは素晴らしいものです。ユルトの前で、すぐそばに馬を置いて昼食を取っていた時、一頭の馬がたまたま排便したのですが、驚いたことに一緒に食事をしていた飼主がおもむろに立ち上がり、その出来立ての「もの」を手に取って私に匂いを嗅がせたのです。「見てください、私の馬はこんなに健康です」。彼はそう言い、嬉しさのあまり、その「もの」を掴んだのと同じ手でクッキーと他の食べ物を私に取ってくれました。私たちとまったく違う習慣に驚きましたが、彼らの風習を尊重して私は彼に賛辞を述べました。モンゴルの人たちと一緒に仕事をすることに誇りを感じ、別れ際に私は彼らにこう伝えました。「ありがとう、本当にありがとう。皆さんの素晴らしいカシミヤがなければ、私のこれまでの成功はありません」。

他の国でもアジアでも、私や家族が自然と触れ合って簡素さに囲まれて暮らしてきた話をすると、誰もが自分との共通点を感じ、互いに深い理解と共感が生まれます。私が初めて親しくなったドイツ人は、私の話に共感し、その文化や価値観を支援するために製品を買ってくれました。モンゴルを訪れ、モンゴルの人々と寝食を共にし、同じ大地でつながり、生活のリズムを共有したことは、とても楽しい体験でした。それは異文化の私を迎え入れた側の彼らも同様だったと思います。私も自宅に誰かを招待する時は、そのお客様に自分の習慣や生き方を知ってもらうことを一番初めに考えます。

モンゴルにはカシミヤの品質や価格の話をするために何度か訪問しましたが、いつも素晴らしい経験ができました。彼らもウンブリアまで来てくれて、そこでまた新たな友情が生まれました。美しい衣装を付けた芝居と歌で私たちは彼らを歓迎しました。フェデリカが団長を務めるソロメオ合唱団と、招待した劇団が、姉妹都市のような関係を結んだのも素敵な思い出です。

どの国の人々も、他国の人に自分たちの文化を知り、体験し、正しく評価して欲しいと願っています。正しく評価するということは、その国の人々や、経済、社会、道徳によって立つ基盤を尊重することです。この原則を守り続けたので、あらゆる国の人が私を温かく迎えてくれたのだと思います。

モンゴルの自然の風景は感動的な美しさですが、それはアニミズムとつながっています。人気のない平原を散歩していると、三、四メートルの高さに積み上げられた石山が目に入りました。その石山には木の棒が無数に差し込まれており、木の棒には様々な色の端切れが結い付けてありました。この石山は隊商の道沿いにあり、通行人はその前に来ると立ち止まり、地面から他の石を拾ってその上に置いていきます。ガイドの説明によると、それはオボーと呼ばれる、モンゴルからシベリアまでのあらゆる隊商の街道に見られる神聖なほこらで、そこには深い精神的な意味が込められているとのことでした。モンゴルの人々は、森羅万象に魂があると考えており、石山と木の棒は何世紀も変わることなくこの地の風景の一部となっています。オボーをただの物と見れば、色の付いたリボンを馬の毛で結び付けた、たくさんの木切れが差し込まれた石の山にすぎません。オボーは街道の交差点にたくさん見られ、シベリアとモンゴルの山岳風景には欠かせない要素となっています。石山は天地の接点にある祭壇であり、祈祷師たちはそこから地底と天空への旅に出るのです。旅行者は石山を見つけると、旅の平穏を祈ってその周囲を三回周り、一番上にひとつ石を追加します。それは自分の精神を強くする儀式なのです。

夜、散歩を終えて宿に戻り、目に焼き付いて離れない自然の景観とそれを支える普遍的な価値観のことを考えました。考えれば考えるほど、忍耐と持続という何世紀も受け継がれた二つの概念が民族のアイデンティティと万物の均衡を保ってきたのだと思いました。

私が世界中に出かけて行ったのと反対に、ソロメオには様々な国から、顧客、ジャーナリスト、或いは旅行客が私たちの会社を観にやって来るようになりました。ある二月のこと、国際的な研究雑誌の女性編集者から、ウンブリアに六日間滞在して私とカシアン神父や仕事関係者にインタビューしたいという連絡がありました。このように権威のある雑誌に注目されたのはとても嬉しいことでした。六ページの特集記事は私たちの企業文化を世界に知ってもらう貴重な機会となり、書かれた記事の内容の素晴らしさにとても興奮しました。世界中の人々が経済危機で恐怖と喪失感に襲われ希望を失いかけていた時に、著名な雑誌が見事に洗練された表現で「人間のための資本主義」を世界に伝えてくれたのです。

その記事がきっかけとなってソロメオは様々なメディアに取り上げられるようになり、私個人は名誉ある賞を受賞させて頂くことになりました。ペルージャ大学の学長から電話があり、名誉学位を授与すると連絡してきた時は本当に驚きました。経済学の学位だろうと勝手に想像していたら、私の大好きな哲学と倫理学に関するものだということで、嬉しくて言葉を失いました。六か月後の十一月に開催される学位授与式のレクティオ・ドクトラリス（学位記念演説）では台本なしで話をしたいと私が伝えると、学長は驚いて「何と。私の大学で即興で講演したのは、ノーベル物理学者のルビアだけですよ」と言いましたが、私は笑って「では、ルビアになったつもりでやってみます」と答えました。

そう決めたのには理由がありました。この学位は倫理学という人間についての学位で、私が住む大事な町の世界で最も歴史のある大学から授与されるものでした。その場所で私は、父、家族、カシアン神父、友人など大勢の大切な人たちの前で、人間の価値について話すのです。そういう状況で、倫理という大きな力強い概念の本質を何か書いたもので伝えられるとは思えなかったのです。

六か月はあっという間に過ぎ、運命の日、私は想像を超える陶酔と高揚に包まれていました。学長や、教授たちは皆トーガのいでたちをして四角い帽子をかぶっており、私は所定の入口から自分の椅子まで案内されると、学長自ら式典の手順を説明してくれました。その日の式典はすべて学長の言葉で進行します。会場の大ホールは、教授やジャーナリスト、親戚や友人など、千人を超える人々で埋まっていました。私は入口で一旦立ち止まり、聖歌隊の歓迎の歌を聴き、それから一定の歩調で着席の位置に向かって進みます。荘厳な会場の雰囲気、鮮やかな色彩の教授たちの衣装、ラテン語で行われる私の紹介、すべてがきらびやかでした。私が演台に進むと場内は大きな沈黙に包まれ、こちらをじっと見つめる数千の眼差し以外、何も見えなくなりました。台本なしで話すという選択は、果たして正しかったのでしょうか。

言葉にできない高揚感の中で、私は、ローマの執政官である大カトーの言葉を思い出しました。「概念を捉えよ、言葉はそれに従う（Rem tene, verba sequentur）」。演説が苦手な人々に、彼は、伝えるべき概念が明確なら心配することは何もない、言葉は概念に従って湧き水のように流れ出すと教えました。私は、最前列で真剣に聞いているフェデリカと家族、カシアン神父に意識を集中し、穏やかに丁寧に人間らしい優しい口調で話すことができました。スピーチを終えた時に起きた大きな拍手を聞いて、私の言葉は聴衆の心に届いたのだと思いました。

その式の前日に、カミラとリカルドの長女夫婦に初孫のヴィットリアが誕生するという嬉しい出来事がありました。高ぶる気持ちと不安を胸に、妻のフェデリカと次女のカロリーナと一緒に病院で一晩を過ごしました。私はもともと楽観的で怖いもの知らずなのですが、出産は人間の力の及ばないもので、子どもが何か障害を持って生まれてくる可能性もあるということがとても不安でした。それでももちろん新しい命の誕生は喜ばしいことでした。カロリーナ、カミラの友人、私たち夫婦。立ち会った全員が嬉しい出来事を喜び、幸福を感じました。

若い情熱と無意識の行動が人生にいかに有益であるかを私は今では理解しています。まだ少年の頃に企業家になるという大胆な選択をさせたのもこの情熱と無意識でした。57歳の私はまだ老人ではありませんが、歩んできた人生の中でいろいろなことを見て、ものごとの理屈を理解できるようになりました。それとともに私の心から次第に少年の無意識は失われ、少年から遠い存在となり、喜びの感情を抑えることができるようになりました。

子よりも孫が可愛いとよく言われます。私個人がそうなのかはわかりませんが、ヴィットリアとその六つ年下のペネロペの二人の孫には深い愛情を感じています。前にお話したように、孫たちが家に来て眠っているその横で、目を覚ましている時には恥ずかしくて言えないことを私は彼女たちの心に直接語りかけています。

ある晩、フェデリカが不思議そうに尋ねました。

「あなた、誰に話しかけているの」

「孫たちにさ」

「でも眠っているじゃないの」


フェデリカは、私は少し頭がおかしいと思ったかもしれません。でも私は、孫たちが眠っている間に私の言葉を理解し、誠実な心と良き理想を持つ人に成長して欲しいと願っているのです。祖父としての私がカミラとカロリーナの父親としての私より優れているかどうかはわかりません。しかし天が二度目のチャンスを与えてくれたので、新しい命の意味と小さな子どもを愛する能力を再び学ぶことができているのです。

その「素晴らしい年」には、もうひとつ個人的に大変名誉な賞を頂きました。かねて尊敬していたジョルジョ・ナポリターノ大統領からカヴァリエレ・デル・ラヴォーロ（国家に功績のある実業家に与えられる勲章）という称号を授かり、その受賞で黄金宮殿を訪ねることになりました。式典は大勢の出席者が集まるクイリナーレ宮殿で行われ、私はその厳粛な雰囲気と予想もしなかった名誉な出来事に圧倒され、大統領府をパルナッソス山のように感じ、多くの候補者から自分が選ばれたことに誇りを感じました。なんという感動でしょう。何世紀もの間世界の中心であり、偉大な帝国の遺産をコンスタンチノープルに引き継いだローマに私はいるのです。

無意識の連想とは本当に不思議なもので、偉大なコンスタンチノープルのことを思いながら勲章の授与のために大統領から呼ばれるのを待っていると、なぜか少し前に行ったトルコ旅行の記憶が頭に浮かんできました。その旅行で私は金角湾を前に息を飲んで立ちすくんでいました。偉大なコンスタンティヌス帝はこの景色に魅せられ、新しいローマというビジョンをここに移植しました。本で読むだけでなく、歴史はその土地や遺跡が直接心に訴えかける力によって私たちの内面に浸透していくのです。

聖ソフィア大聖堂の近くのレストランでフェデリカや友人たちと食事をした夜のことです。店のウェイターが良く響く声で「マンマ、トゥルキ！」と言って私たちを歓迎してくれました。これは「お母さん、トルコ人だ！」という意味で、かつてトルコがイタリアの海岸を襲撃した歴史とその時の恐怖を表現したイタリアの言葉です。彼は私たちをイタリア人とはっきり認識していたのです。若い頃のバールでは、ジョークには表向きの陽気さとは反対の意味が隠されていることがありました。予期せぬ歓迎の言葉の意味をウェイターに尋ねると、彼の言葉から個人として国としてそれぞれのレベルの複雑な感情を知ることになりました。一般にトルコの人々は、歴史的にヨーロッパとの間で複雑で劇的な関係を経験したことから、ヨーロッパに対して矛盾した感情を抱いています。陽気で、創造的で、世界的にも重要な民族であるのに、私はトルコが人々のこうした複雑な感情を抱かずにはいられないことを残念に思っています。この二つの大陸は双面の神ヤヌスのように、歴史、文化、伝統で深くつながっており、地球上のどこを探してもこのような特別な遺産を受け継いだ国や民族はありません。こうした特別な歴史関係が、当事者たちの苦悩ではなく人類の幸福の源となることを私は願っています。

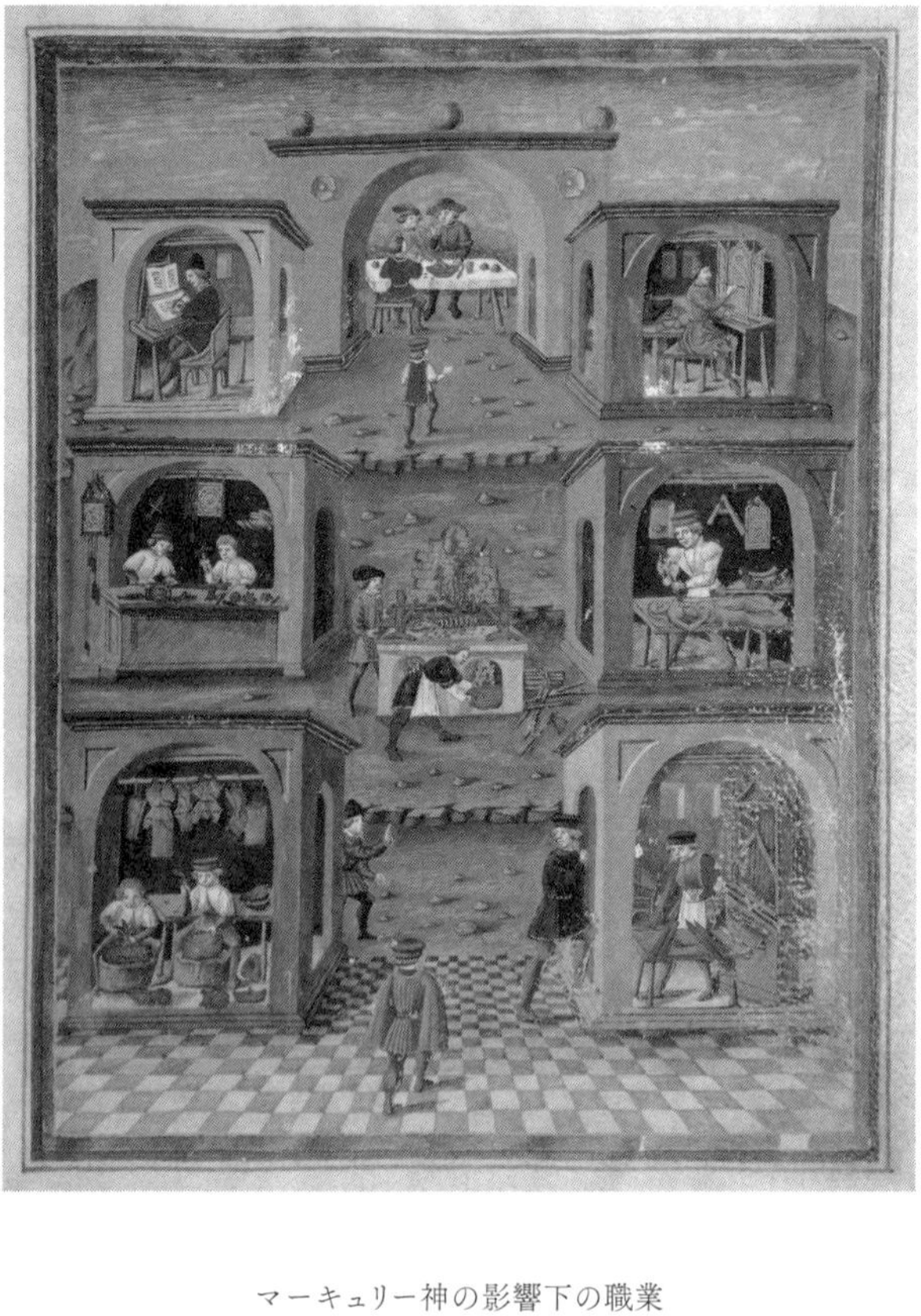

マーキュリー神の影響下の職業

デスファエラのレオナルド・ダティの細密画、1470年

（エステンセ図書館、モデナ）

第 06 章

親愛なる匠たち

CHAPTER 6

CARI MIEI MAESTRI DEL LAVORO

純粋に自然が創り出したものと
職人の手が創り出したものに
違いを見出すことは困難である

デカルト

村の建築現場は巨大な野外の鍛冶場のようでした。私は建物の仕上がり具合を点検しながら、多くがグッビオからやってきた熟練工たちを観察していました。彼らは自分の技術に誇りを持っており、設計者と同じくらい自分たちが美しい作品を創り出しているという自負を持って仕事をしていました。劇場の外壁に使う石を手作業で削り出す作業はまるでルネッサンスの石切り職人のように楽しそうで、一部の隙もなく、集中力と忍耐と職人技によって行われていました。

鉄を使う作業も同じでした。ソロメオ出身のフルゲンツィオという鍛冶屋は、頭が良く、職人としての自分の価値を知っており、多分クルツィオ・マラパルテが好むタイプのこの男は、注意深く自分のプライバシーを保ち、休み時間も誰かに気を許すことはありませんでした。しかし、ひとたびハンマーを持った時の鉄を打つ技術は見事なものでした。彼にとって鉄はプラスチックに等しく、彼が創り出す作品はまさに本物の彫刻でした。

その他、縫製、刺繍、かけはぎ、編物など、それぞれに専門の女性職人もいます。

私の周りの職人たちの手仕事の技術と創造力は何れ劣らぬ素晴らしいものです。村や田舎にも庭師や大工などの職人がいます。テクノロジーの世界とは異なる職人の遺産の相続人として、彼らはおそらく最後の生存者であり、それゆえに特別の価値を持っています。その特別の価値は伝統という形で引き継がれていきますが、伝統は人々に広く支持されることによって現実のものになるのです。

過去と未来を考えながら、マッシモと私はよくこの話をしました。マッシモは、役所の管理人をしていたある友人の話をしてくれました。一日中、入口の守衛室に座っていたその男性は、十九世紀の終わりから二十世紀始めにかけて、ローマや各地の宮殿を美しく装飾してきた漆喰細工の最後の職人であり、本物の芸術家だったのです。

未来への不安を少しでも克服するために職人学校のアイデアが生まれました。若者が簡素さと情熱を持って考える力を身につけること、伝統技術を継承して現代に活かす能力を身につけること。それがこの学校の設立目的です。そのためには工房の機能を持つ学校が必要だと思いました。理論だけでなく実践も教え、生徒たちが技術の習得と同時に何がしかを稼ぐことができ、将来は一か所だけでなく、村全体で小さな建物を再利用して様々な作業を行い、その活動によって村を活性化させたいと考えました。

教師は定年に近い年齢まで経験を重ねており、知恵があり、人間味があり、学生は技術の習得だけでなく、職人としての誇りと心技体の調和した人間倫理を学ぶ。私たちが考えたのはそんな学校でした。人間の価値はテクノロジーによって置き換えることはできないと私は考えています。

急速に機械化が進んだ十九世紀イギリス思想家、ウィリアム・モリス、ジョン・ラスキン、ロバート・オーウェンらは、職人の技術の重要性を理解し、それを時代に合わせて再生し活用することが必要だと考えていました。産業を機械化することで様々な不確実性が取り除かれるという当時の世論の中で、モリスとラスキンはまさにそうした不確実性こそが人間の価値であると考えたのでした。

五十五歳になる頃から、プライベート面でも仕事面でもこれまでの人生の棚卸をして、未来に遺すべき確実なものについて考えなければならないと思うようになりました。その年齢は若さゆえの無謀さでやってきたことが世の中に認められ、家族や未来への関心が一層高まる時ではないかと思います。

まさにこの時期に、たくさんの分析と議論と熟慮を重ねた結果、「人間の尊厳」という私たちの考えを世の中に広く評価してもらうために、ミラノ証券取引所に会社を上場させるという決断をしました。この選択をした理由には、一層強固で国際的な会社にしたいという思いと、普段は顔を見ることのない多数の株主の声を謙虚に聴くことで、見えない株主たちが良きアドバイザーとなってくれるであろうこと、そして、将来、会社は自分の子どもたちより優れた経営能力を持つ人々によって経営される可能性もあるだろうという考えがありました。

株式公開の前に、世界でもトップクラスの投資家たちを三、四人ずつソロメオに招待し、会社を案内し、私たちの企業文化を説明し、労働と人の尊厳について話をしました。その際私はしばしば、英語のgraciousという言葉を使い、人を思う心、寛大さ、礼儀正しさが私たちの経済的な成長、利益、給与を産み出していることを説明しました。graciousは、私たちが信じ擁護することに誇りを感じている「人間のための資本主義」という考え方を理解する最適な言葉なのです。親密でくつろいだ雰囲気の中、私たちは長い間語り合いました。夜は自宅で夕食を振る舞い、フェデリカが素晴らしい料理を提供し、カミラとカロリーナがその料理をテーブルへ運びました。本当に素晴らしい経験でしたし、皆が私たちの社風を正しく理解してくれたという手応えを持つことができました。

同じ頃、少し前に発生した大地震で全壊した修道院を修復するために、カシアン神父とノルチャのベネディクト会修道士たちが訪ねてきました。修復への支援を求める彼らに、私は半分明るく半分まじめに「2か月後にミラノで証券取引所に上場できるかどうかの結果が出るので、それがうまくいったら修復作業はすでに始まったと思ってください」と伝えました。「願いが実現しますように。どうぞ心安らかに」。そう彼らは答えました。

経済的に大変難しい時期であったため、その年ミラノ証券取引所に上場したイタリア企業は一社もありませんでした。公開直前までの不安は予想もしない高値で取引が成立するという驚くべき結果に吹き消されました。取引初日に株価は50%上昇しましたが、これは記録的な数字だということでした。そして、上場を記念して行った私のスピーチは、人間のための事業と人間の道徳的経済的尊厳という、銀行家、ビジネスマン、投資家、経済ジャーナリストなど、そこに集まった人々にはなにかとても革新的なものでした。

その晩、私はカシアン神父に電話をして、「上場がうまくいったので修道院の修復を始めましょう」と伝えました。少しして、カシアン神父から「明日こちらに来られませんか」という誘いがあり、私は金曜日の朝六時半にノルチャに到着しました。すると、聖ベネディクト大聖堂の前には黒の修道服と頭巾に身を包んだ十八名の修道士が全員集合していて、私を出迎えてくれました。忘れられない感動的な光景でした。

修復作業はノルチャに大地震が発生した八月の直前に終了し、私は何とか約束を守ることができました。その直後の十月に再び強い地震が襲いましたが、耐震規準を守って修復した修道院は被害を逃れることができました。その悲劇の翌日、ノルチャの状況を見に戻った私のそばに若い修道士たちが目を涙で潤ませ集まり、カシアン神父はこう言いました。「町がこのように崩れ落ち、聖ベネディクトと同じように私たちは涙しています。でも忘れてはなりません。メブカドネザルがエルサレムを破壊した時、預言者エレミヤの言葉通り、弟子のバルクは約束の地エルサレムを回復するという約束を守り続けたのです」。

バルクの選択が意味することは未来への希望です。エルサレムの地がバビロンの王の軍によって完全に破壊され、一切の価値を失ってしまっても、この預言者は平和と自由の未来が来ることを信ぜよと民衆を鼓舞し、危機を乗り越えました。エルサレムは時代を超えた精神の象徴であり、アレッポやエリコ、マテラとともに人類の長い歴史を思い起こさせるものです。聖ベネディクトの出身地のノルチャも西欧文化の精神的象徴として知られていますが、大地震の被害によってこれら歴史的な町のひとつに加わりました。

上場の成功によって私たちの活動は拡がりと深みを増し、「人間をより美しいものに」というプロジェクトは取り組みの数を増やすことができるようになりました。この考えには、人間は天の創造物のかりそめの番人であるという喜びが詰まっていました。この時期、私の中では早春の湧き水のように次々とアイデアが生まれていました。私は結果よりも原因に興味があり、知識よりも考える力、結果よりもその基になった着想の方が重要だと思っています。したがって、何かが形になった場合、その何かが誕生した瞬間は始まった時でも形になった時でもなく、概念が生まれた時だと考えています。

プロジェクトの合間を縫って出かけた海外への旅が、また新しい気づきと刺激を与えてくれました。インドへの出張は仕事以外にもうひとつ目的がありました。本で学んだガンジーの思想にずっと感銘を受けていて、民族解放と国家の自立を主導したこの天才が生まれた土地をぜひ知りたいと思っていたのです。「祈りは魂の郷愁である」という甘美な表現は私にとって鮮烈なものでした。

ムンバイは美しい反面なかなか手ごわい町でした。市場を散策してフェデリカのイヤリングを買おうとしていたら、饒舌な販売員がそのイヤリングはムンバイの伝統工芸品だと盛んに勧め、実際いかにもそのように見えたので購入することにしました。ホテルに戻ると、私よりずっと注意深いフェデリカが、何と「イタリア、フロジノーネ製」と書かれた小さな札がイヤリングについているのを見つけたのです。これは本当に貴重な経験でした。その時のことを思い出すと、インドそしてチョチャリア（イタリア・ラツィオ州）の工芸品に今も笑いがこぼれてしまいますが、この出来事は象徴的な意味でより意義深いように思うのです。この小さなものがグローバリゼーションにもたらされたものだからです。実際には私は逆の考え方のほうが好きです。製品の本物の価値は、よって立つ国の歴史、特徴、技術、モノづくりの伝統を表現することから生まれ、独自の個性を発揮することで普遍性を獲得すると思うからです。その方が均一的なグローバリゼーションよりもはるかに大きな価値を生み出すと私は確信しています。

しかし、ムンバイでの逸話は所詮大海の一しずくに過ぎず、ムガール人やチンギス・ハーンの子孫やイギリス人など、外部からの絶え間ない侵略に苦しみ続けたインドの偉大さを損なうものではありません。数々の侵略に遭いながら、この国は古代からの高い文化と伝統の力によってアイデンティティを失うことなく異文化を吸収し、さらに豊かなものに変えていきました。こうした歴史を持つインドの人々は世界で最も偉大な民族のひとつであり、ソロメオにいても魅惑のインドへの旅を時々なつかしく思い出します。

マッシモと朝の散歩をしていたある日、1970年代に建てられた工場が点在する村の平地の景色を見ながら、私は彼に言いました。「ソロメオの情景にとても切実で重要なことをずっと考えていたんだ。この六つの倉庫を全部買い取ろうと思う。どれも今は物置場として使われているだけで、もはや工場ではなく生産もしていない。ここに大きな公園と、手入れの行き届いた豊かな庭園を造りたい」。マッシモも公園というものをこよなく愛していたので、私たちはこの計画を「A Project for Beauty＝美のためのプロジェクト」と名付け、早速準備を開始しました。このプロジェクトの「美」という言葉は、環境との調和、人々の出会いと助け合い、景観の美しさだけでない内面の倫理を意味しました。

数日後、私は妻と娘たちに声を掛け、ソロメオにある丘の上の広場に集まりました。時刻は日没に近く、水平線近くの太陽は炎のように辺りを照らしていました。谷間に広がる野原と黒ずんで見える森、ペルージャの方角に空気のように軽く透き通って屹立する青い山々。目の前の風景のあまりの美しさに神妙な気持ちになりながら私は言いました。「今考えている構想（実はすでに購入の交渉を始めていたので構想の段階は過ぎていましたが）なのだけど、あそこの建物を全部買い取って、大きな公園を造ろうと思う。小麦、オリーブ、ぶどう、ひまわりを栽培し、果樹園を造る。公園の一角に『人間の尊厳への賛辞（tributo alla dignit dell'uomo）』と刻んだモニュメントを設置し、トラバーチン石を使って古代の建築様式で建てられた優美なアーチ状のエクセドラを周囲の景観に溶け込ませる。そのモニュメントは、何世紀もそこに残り続けることを願って建てるんだ」。フェデリカと娘たちは唖然としていましたが、私を知っている彼女たちは、その言葉が遠からず現実になることも理解していました。

この壮大な計画の実現は容易ではありませんでした。特に建物の買取り交渉は難航しましたが、最終的には何とかまとまり、建物はすべて取り壊されました。平地となった畑に新しく種が蒔かれ、人間の尊厳を讃えるモニュメントが出来上がり、ソロメオ渓谷は田園の美しさを取り戻しました。

このプロジェクトは、イタリア人と外国人のジャーナリストを前にミラノの劇場ピッコロ・テアトロ・ストレーラーで、非常に示唆に富む事例として紹介されました。この事業はソロメオ村の修復に対して村の周辺地区の復興を意図したものでした。家々が散在し、花や田畑や樹木の方が多い、他にはないような周辺地区が生まれるのです。中心街から離れた周辺地区を親しみやすいものにするには、こういう方法もあるということを示すのがこの計画の目的である。マッシモと私はステージの上からそう説明しました。それはとても感動的なイベントでした。

このプロジェクトの工事も完了し、ソロメオの田園に囲まれた周辺地区が本来の姿と機能性を取り戻し、美しく蘇ったことに私はとても満足しています。この取り組みは今世紀、我々の時代に抱える最大の課題の一つである周辺地区に関する問題に対するひとつの答えであり、有用な実例になると考えています。

人々の住む町を、人々にもっと愛されるものに蘇らせる必要があります。古代の農学者たちによれば、幸福な生活と倫理と建築は美しく繋がっており、その一人コルメラは、自身の著作の序章にこのように書いています。

プブリオ・シルビーノよ、ここにはあなたが土地を耕す前に学ぶべき助言がある。しかし必要なすべてをその言葉から学べると思ってはならない。記された言葉は育成することよりも農民を諭し準備を整えさせることを述べたものである。技巧の要は実践と経験であって、農作業は理論だけでなく実際の経験の中に存在する倫理的な行為なのである。

証券取引所への上場で力を付けた会社は、今では私たち全員が強く共有する人間主義の理念に沿って成長を続けています。中世の村の谷間に広がる作業現場を歩きながら、マッシモとの対話は続きました。人間主義のテーマは現実を観察することによって新たなインスピレーションを生み出します。平地の景色は、毎月、目の前で変化していきました。倉庫の塊がなくなって遠くまで景色が広がるようになり、ひまわりとアルファルファが一面に咲き誇っています。少年時代の、わだちをはみ出さないように慎重に牛を引っ張ったあの田舎の光景がよみがえってきました。ソロメオは、当初私たちが夢見た通りのイメージで、村全体がひとつの庭園になったのです。

新しいアイデアのプロジェクトが再び始動しました。精神の空間としてソロメオの丘の一番高い場所にある精神性の森を、平地の再生、劇場の建築と一体化させることによってソロメオの夢を完成させるプロジェクトです。それは、労働、文化、精神性という三つ重要な価値を一つの象徴的な体系に統合させるもので、労働を「美のためのプロジェクト」と、文化を「アートフォーラム」と、精神性を森の修道院と言うべき「精神性の森」と結び付け、統合された象徴的な世界を創り上げるのです。

私たちの活動は、名誉ある賞を頂戴する歓びを私に与えてくれました。さらに予期せぬことでしたが、ドイツのキール世界経済研究所から国際的に権威のある経済分野の賞を頂くことになりました。「ブルネロ・クチネリは、名誉ある商人の伝統を完全に体現している」。大変感動的で誇り高い称賛です。

受賞記念の感謝のスピーチでは、私の人生と仕事の意味をまとめてお話ししました。以下、その最後の部分をご紹介します。

私は63歳になり、自分の内面をより深く見つめています。尊敬する聖アウグスティヌスが言うように、私は人々が意思の力と精神によって魂の苦悩を和らげ、希望の価値を再発見する輝かしい未来が来ることを信じています。そして、私の思索の友であるマルクス・アウレリウス帝が教えてくれたように、自然に従い、人間性に従って生きていきたいと思います。

最近、イタリア共和国首相からもうひとつの名誉ある賞を授かりました。国家への貢献を称える「カヴァリエーレ・ディ・グランクローチェ（大十字騎士勲章）」です。この賞は、美と人間性と真実を弛まず追求してきた私の人生の証ともいうべきものです。

1990年代後半にインターネットや携帯電話などの新しい人工知能のテクノロジーが登場し、今では生活のあらゆる場面に浸透しています。この革新的な技術が何か重要な結果をもたらすであろうとは何となく感じていましたが、最初は何よりも驚きに満ちた楽しいものでした。しかし、そうした一面とは別に、その技術は人間に多くのものを与えると同時に人間から多くのものを奪い取ることも予測されており、その予測はどんどん大きくなっています。インターネットと携帯電話は日常会話のすべての話題に入り込んでいます。このテクノロジーは人間のすべてのニーズを満たし、人間のすべての問題を解決し、いずれ人間の魂まで奪い取るようになる、そう懸念する人たちもいます。

人工知能のテクノロジーは私たちの生活の隅々にまでに浸透し、インターネットは多くの恩恵と利便性を提供しています。それはまだ潜在的な可能性の一部しか見せておらず、それによって何ができるようになるのかはまだすべて見えていませんが、私はそれが高度なテクノロジーの産物であるにもかかわらず、生みの親である人間を凌駕することは絶対にないと確信しています。しかし、人間が作り出したほかの商品と同様にインターネットにもそれ自身の魂があります。私たちはまだその魂を見つけておらず、本当の価値はそれを知って初めて最大に引き出せるのだと思います。

ひとつの例として鉄筋コンクリートを考えてみましょう。十九世紀の終わりに鉄筋コンクリートが発明された時、何か新しい特別なものが手に入った、自分たちはその有効な使い方を知っていると誰もが思っていました。しかし人間はまだ鉄筋コンクリートの魂を知るにはほど遠く、古代と変わらない発想で円柱や柱頭、欄干などを作り続けるために鉄筋コンクリートを使用しました。人々は本物の石よりも優れた現代の奇跡に熱狂し、それを誇らしく思いました。しかし、ル・コルビュジエがロンシャンの礼拝堂を設計した時、状況は突然、そして完全に変わりました。それまでの均衡のルールから外れた抽象的で未来的なデザインによって、鉄筋コンクリートの魂、それまでの建築とは何ら関係のない新しい言語が発見されたのです。同じ長さをわずか十二分の一の橋脚で支えられる優美なデザインの橋をそれまで誰が考えたでしょうか。その無限の造形の力を誰が想像できたでしょうか。鉄筋コンクリートの魂を発見したことで、誰も思いつかなかった方法で、建築文化の決定的な変革が起きたのです。

これは十九世紀末から二十世紀初めにかけて建築の世界で起きたことですが、同じことはインターネットでも起こるでしょう。歴史を振り返るまでもなく、人間はなかなか遠くを見ることができません。私たちはまだウェブを最大限に活用しているとは言い難く、言語の自動翻訳など初歩的な使い方しかしていないのだと思います。

インターネットには未知の固有の言語体系があるに違いありません。それが解読された時、テクノロジーと人間の真の融合が始まり、人々が長い間考え続けてきた普遍的な価値観、新しい世代の明るい未来の礎となる普遍的な世界が実現するかもしれないと思っています。ソロメオではこの研究を仕事に適用しようと考え、「人間的ウェブ職人」という言葉を使っています。私たちの社員の多くは、すでに針やはさみと電子機器や人工知能を組み合わせて使うテクノロジー型職人なのです。

また、イタリアの村の多くはゆっくりと過疎化が進んでいますが、そのひとつでもあるソロメオはインターネットの普及によって新たな活力を取り戻しつつあります。これは都市部周辺の再生にとって重要なテーマです。イタリアやヨーロッパの田舎が十四世紀の画家ロレンツェッティが描いたような活気に満ちた村に生まれ変わるために、自然の近くで暮らしながら同時代の世界とつながって普遍的に生きるために、最先端のテクノロジーは地域と世界を繋ぎ合わせ、未来の地方の人々が人間らしい活気を取り戻す可能性をもたらしてくれるのです。

最近、シリコンバレーの先端テクノロジーを代表する人々に招かれ、サンフランシスコで「優しいテクノロジーとヒューマニズム」というテーマで私たちの会社が経験したことをお話ししてきました。そこに集まった若者たちに私はこう言いました。「現代の天才を生み出すこの地の、歴史あるイエルバ・ブエナ劇場で、二十一世紀のレオナルド・ダ・ヴィンチとも言うべき皆さんとともにいることを大変光栄に思います。皆さんにはレオナルドが偉大なヒューマニストだったことを忘れないで欲しいと思います。ぜひ皆さんは自らの運命に忠実に、新しいウェブのテクノロジーを人間らしく発展させてください。あらゆるものとつながることはとても重要ですが、それが私たちの魂を奪い取ることになってはいけません。私たち人間は古代からずっと心の病と戦いながら生きてきましたが、現代ではそこにコンピューターのノイズが加わり広範囲に広がっています。ヴォルテールはこんな美しいことを言っています。『時代の精神とともに生きぬ者はすべて、時代の病のみを受け取るのである』。私は最近スマートフォンにプレッシャーを感じることがあります。この小さな物体は私のすべてを知っている、私的な時間もずっと私に耳を傾けている。そういう感覚はひとりでいる時の心の安らぎを奪い取ってしまいます。この忠実な付き人に知られない秘密の生活を送ることが、将来、人間のぜいたくになるのではないかと思います」。

私がその若者たちに語ったのは人間のプライバシーについての話です。プライバシーとは心の寛容さであり、身近な人もそうでない人も同じように必要なものです。プライバシーは自然に存在するものであり、プライバシーの公開を強制するのは美しいことではありません。それは誠実さを欠いた行為です。親密で良好な人間関係を保ち公私の生活のバランスを取るためにプライバシーは必要なのです。人間が生きていくためには公も私もどちらも大切であり、その二つを上手に対話させることで私たちは幸せになれるのです。

賢者エピキュロスは、生活の公の部分が適正な大きさを超えると、健全な生活が損なわれ、精神を再生するために必要な休息の時間を奪ってしまうと言っています。休息は単に肉体の疲れを取るためのものではなく、何もしないことが心を解放し、創造力を生み出す源となるのです。

古代ローマ人にとって、無為の時間は、公生活から解放されて自分に向き合い、精神の活力を再生し、学び、思考する時間であり、理想について考える時間でした。無為の時間にはいかなる物質的な目的もありません。ただ思索し、文章を書き、本を読むことによって知性の花が開くのです。

プライバシーがなくなれば「学問のための閑暇」（訳者注：セネカの「倫理書簡集」に「学問なき閑暇は死である」という一節がある）は夢のように消え失せます。プライバシーを脅かされた時に、アルフィエリは、公人たる私とすくなくとも自宅での自分自身の主人である私は別のものだ、と言って鮮やかに公私を切り分けました。とても秀逸な表現だと思います。

シリコンバレーから戻ってすぐ、私は次の課題に取り組みました。ソルボンヌ大学が主催する国際フォーラム「成功の都市（Cit de la R ussite）」に招待され、講演する機会を頂いたからです。

パフォーマンス重視の効率主義と人間らしさが調和できるような新しい世界へのビジョンはあなたたち若者に委ねられています。不安を希望に置き換えられるかどうかはあなたたち次第です。古代の人々のように、何世紀も先の未来を視野に入れて世界を設計する知恵があれば、未来に自信を持つことができるでしょう。私はあなたたち若者を信じています。インターネットを自在に操る天才であるあなたたちが、三千年紀の世界を見据えてこのテクノロジーを人間のために活かし、次の世代に承継していってくれることを願います。

品質、職人技、創造性、独自性、美の探求は、私たちのブランド「ブルネロ クチネリ」が目指している価値であり、それは静かに耳を傾けることへの願いと一体のものです。古代と現代、事業と人間の求めるものをひとつの物語に織り上げていく。それが私たちの一貫した夢なのです。

私たちの会社は、その土地に住む人々に敬意を払いながら、土地の持つ潜在力を守り、引き出し、育てていくことを大切にしています。その思想が均衡の取れた希望の持てる成果を上げ、その利益を人々に還元するという倫理的な目的を具体的な形にしてくれます。時間と空間を新たに捉え直し、知恵、共感、着想を循環させ、明確にし、質の高い生活を創り出していく。ソロメオはその理念の実験場であり、伝統と精神の価値を再生する試みが、親しみある明るい村の雰囲気を生み出しています。世界中の大都市の最も高級な通りにある私たちの店舗も、小さな隠れ家のように静かでくつろいだ質の高い時間を過ごせるよう設計されており、私たちの哲学である「節度」の価値を感じて頂くために穏やかで洗練された接客を心がけています。

オンラインストアは実店舗のイメージとコンセプトを反映し、伝統と現代をつなぐショーウィンドーの役割を担っています。それは過去の父親世代の職人たちに触発された「人間的ウェブ職人」たちの手によって誕生したもので、現代と未来への挑戦という命題が与えられています。ウェブサイトは偉大な拡声器であると私はずっと考えてきました。

私たちにとってブランドは宣伝するものではなく大切に保護すべきものです。ラグジュアリーの本質は希少性と期待感にあるからです。イタリアという国の社会的、地域的、文化的、そして職人的価値を保護し、維持していく意思を具体的な行動によって伝えていきたいと私たちは考えています。

ファッションの分野で、世界で最も評価の高いブランドのひとつとみなされていることに私たちは誇りを持ち、感動を覚えています。私たちの商品が世界中でかくも大きな共感を集めるとは想像していませんでしたが、その共感からもたらされた価値を私たちの土地に還元していくことは正しいことなのだと思います。

適正な成長と適正な利益という考え方によって、会社は今、財務的にも財務以外の面でもとても健全な素晴らしい状態にあり、現代の世界に「人間のための資本主義」を実現するという大きな夢を少しずつ形にしつつあります。「人間のための資本主義」とは、結局、人間という強固な基礎の上に普遍的な経済活動を統合していく試みなのです。

これまでの成功は、すべて会社で私と一緒に働いている人々によってもたらされました。敬愛する仕事の達人たち。私と一緒にこの素晴らしい事業を運営し、独創的な職人技で事業の構築に時間をかけて貢献してくれた友人たち。皆が、私が社員や人類に向けて掲げた理想を日々の現実の中で忍耐強く勇気を持って体現し、私と会社のために貢献してくれたこと、そのすべてに私は心から感謝しています。

ここに記した私の人生の経験は、世界の精神と普遍性の価値について学んだ最高の書だったと思います。仕事で侮辱を受けること、利益と分配を適切に均衡させること、仕事の美しさを知り、他人や自然を害することなく生産すること、今はそれらすべての価値を私は知っています。過去の賢人の教えにも支えられ、私が人生で経験した数々のことは自分が受け継いだものを大切に保護することがいかに重要であるかを教えてくれました。過去から受け継いだ遺産は重い荷物ではなく、私たちが明るい未来に飛び立つための翼なのです。

インターネットはそうした未来の一部であり、人類の現在をより良い方向に変えており、これからも変えていくでしょう。それは私たちが賢明に統治する術を知らねばならない、素晴らしい贈り物なのです。マルクス・アウレリウス帝は、人生のすべてを包括する名言を残しています。「毎日を最後の日として生き、永遠に生きるように計画せよ」。

田舎の舞踏会、羊飼いたちへの告知

シャルル・ドルレアン（1460-1496）とロビネ・テスタールの時祷書
(Libro delle ore)より、1480（パリ、フランス国立図書館）

第 07 章

輝く未来

CHAPTER 7

FUTURO LUMINOSO

思索、美、倫理の尊厳は、
永遠の理想の価値である

ベネデット・クローチェ

心の奥底から生じるものは直感と同じように重要です。結局のところ、それが最初に、そして確実に私たちに創造と前進の力を与えます。自分の大きな理想を信じることが根本から人間を変化させ覚醒させるのです。

人間の尊厳はすべての人々に関わるものであり、一部の人だけのものではありません。謙虚さと知性の二つを除けば人間に優劣を認めることは誤りです。尊敬は愛情が美しく表われたものであると私は思います。「利己的な理由ではない愛を存分に注いだので、まだ私には朝の光が見える」。ジョン・ラスキンはそう言っています。

マルクス・アウレリウス帝を始めとするストア派の人々にとって、人間の尊厳は最高位の概念でした。マルクス・アウレリウスはその統治の全期間、節度を重んじる忍耐強い治世によってローマ帝国の最も幸福な時代を生み出しました。今日私たちは輝かしい遺跡の数々を通じてその栄華を知ることができます。それらの壮大な建築物は帝国の理想と権威を保ち、すべての人々がローマ人の兄弟であることを示すために建てられました。

兄弟であるためには受け入れることが必要です。受け入れるには他者の考えを尊重し、叡智の奥深さの前に立ち止まり、判断する前に理解し、決して非難しないということを学ばなければなりません。

美を感じ、美の秘密を知りたいと思う気持ちは人間の本質の表われです。ハドリアヌス帝は地上のすべての美に対して自分が負っている責任を感じていました。私たち一人ひとりも家の前の道路をきちんと掃除し、植物や花で飾り付けるなど、たとえ小さなことであっても美への責任を感じることができます。

美しいものは簡素である。これは美の本質です。部分を切り捨てるのではなく、英知によって選択を重ね、全体を統合することによって簡素な美は生み出されます。美が勇気と強靭さと一体のものである理由はここにあります。また、偉大な精神は誰にでも理解できるような単純な言葉を使って複雑で奥深い思想を伝えることができます。オスカー・ワイルドは子どものように自然で純粋な気持ちで考えることが大切だと言っています。

社会の変化はますます速く、大きくなり、何が正しい方法か判断することが難しくなっています。努力して意識的に強制しなければならないことも実際にはたくさんあります。しかし、職人的な仕事の世界はもっと自律的なものであり、人間の本質に近いものでなければなりません。私がこだわるのはそういう仕事のやり方であり、私はそれが何よりも好きなのです。

子どもの頃、当時すでに六十歳を超えていた祖父のフィオリーノには常に笑顔と喜びがありました。父は静かに仕事をし、疲れたら「眠たいね」と言って寝室に向かいました。世の中の多くの人々を苦しめる緊張や心の病を彼らに見ることはありませんでした。それは克服できるものです。労働は人間の生活や心身のバランスを保つために必要な休息を蝕むものであってはなりません。適切な労働とは心に遊びのような刺激を与え、身体に健全な疲労をもたらすものだと思います。労働は量的にも質的にも人間に相応しいものでなければならず、周囲の環境や人間関係とも密接につながっています。

搾取に苦しんだ時代を除けば、かつての労働は一定の自然のリズムの下で歌や連帯や美しさや喜びとつながっていました。権力や利益を求めて静かな日常生活を犠牲にすることはなく、家族、隣人、友人が確固たるコミュニティを形成し、必要な時は互いに手伝いました。共に働き、穀物を生産し、それを分け合う喜びは、労働を神聖な儀式にしていました。古代の集落の人々は自分たちの畑や庭園や牧草地や沼地で何が起きているかを常に意識し把握していました。皆で子どもたちを監視し、援助し、面倒を見、育て、しつけしました。労働は健康で平和な生活を送るためだけにありました。そうした社会の人々は「足りていれば充分」と考えていたのです。

失敗に対する責任が平等でないところには利益の平等はありません。仕事を整理して割り当てるだけではリーダーの責任を果たしたとは言えません。リーダーはともに働く人々の成長に注意を払い、人々の情熱を刺激しなければなりません。創造性を育むために情熱は不可欠であり、情熱は自分たちのしていることを楽しいと感じることから生まれます。

尊厳は責任感を育み、責任感は創造性を生み出します。ニーチェによれば、創造性のルーツは子ども時代にあります。夢を見たり笑ったりする能力を失わず、小さな子どもであり続けることが大切です。私たちは着想の時点では大胆であり、与えられた任務は工夫しますが、いざ実験を行う時は慎重で控えめになりがちです。

節度もまた内面の均衡の結果です。それは調和と釣合いから生まれるものです。古代の建築は調和を重視していました。共和制ローマの建築家、ウィトルウィウスの理論は、均衡の概念によって構築され、彼は人間の行為はすべて内なる調和に忠実でなければならないと考えていました。

短気や苛立ちを抑えるのは有益でもあります。苛立ちに負ければ、裁判官としても、企業人としても、人間としても成功できません。寛大であることは賢明であるということです。ヴォルテールの次の一節はこれまでに天国に届けられた祈りの内で最も美しいものではないでしょうか。

主よ、あなたは私たち人間に互いを憎み合う心も、他人の首を絞める両手も与えませんでした。主よ、私たち人間に互いに支え合い、苦しくもはかない存在であることの重荷を背負う力を与えてください。人間という小さな存在を振り分けるものは憎悪や迫害の影の濃淡ではありません。昼間もろうそくを灯してあなたを祝福する人々は太陽の光に満足する人々を支え、白衣を着て主を称えよと言う人々は黒いマントで同じことを言う人々を非難しません。もう使われなくなったラテン語であれ新しい言葉であれ、主を称える気持ちに変わりはありません。私たち人間は同じ兄弟なのです。平和な労働と商いの成果を奪い取る者を憎むのと同様に、魂の専制にも私たちが恐怖を感じることを祈ります。

ヴォルテールは、不寛容を育むのは無知である、と「寛容論」の中ではっきり指摘しました。

私たち人間の心は理想の奏でるリズムに合わせて鼓動しなければなりません。若者は明日の大人であり、あさっての老人です。若者について話す時は未来の世界について考えましょう。このことを忘れずに、私たちは若者を守り、若者も私たちから受け取った前向きなメッセージを次の若者に伝えることができるようにしなければなりません。

老人もかつては若者であり、若さという財産は失われるのではなく、経験によって一層豊かなものにできるのです。孤独から連れだすためでなく、その知恵から学ぶために老人に会いに行きましょう。両親を亡くした時、人は自分の子どもの頃の思い出を尋ねることができる人がいなくなった現実にショックを受けます。人間であることの条件は人との触れ合いにあります。プラトンの知恵とともに老人の知恵を活用する方法を私たちが知っていれば、それは子どもたちの豊かな人生の源泉となります。私たちが過去から負っている債務を忘れないようにしましょう。過去との精神的つながりが人間の一番大切な財産を形成するのです。

聖ヒルデガルドと宇宙の中心にいる人間

（ルッカ、国立図書館）

第08章

創造物との対話

CHAPTER 8

DIALOGHI CON IL CREATO

高潔なるものは言葉を愛し、
深遠なるものは沈黙を好む

エルネスト・エロー

私は時々、地球上のすべての人が望む場所に自由に移住し、素顔でそこの住民と出会い、住民たちは外見の違いなど気にかけず、何も恐れず、その移住者を受け入れる、そんな世界を空想します。なぜなら人間にとって新しい出会いは財産であり、恐怖の理由ではないからです。

私は、世界中の人々が新しい関係でつながることを願っています。その新しい関係とはすべての人々への敬意と共通の利益に基づく関係であり、すべての人間は人として一体であるという信念に基づく関係です。正義や尊厳など人間には共通する理念がたくさんあり、ひとつになることは可能なのです。一緒に学び成長するためにお互いに耳を傾け合うことができたら素晴らしいことです。マルクス・アウレリウスは、世界はひとつの物質、ひとつの精神から成るひとつの生き物のようなものである、と言っています。

子どもたちを見ていて思うのは、学校に通い始める前の子どもたちは皆とてもよく似ているということです。その年齢の子どもたちはまだ自然のままの状態であり、皮膚の色の違いなどまったく重要ではありません。この自然な状態を守り伸ばす学校、個人や社会集団や人種の違いに対抗する方法を教える学校を私は望んでいます。

屈託のない瑞々しい生命力にあふれた子どもたちの表情は、自分も同じように遊んでいた子どもの頃の記憶を蘇らせます。大声で笑い、走り回ったあの時代は、伸び行く人生そのものであり、世界は希望に満ちているという明るいイメージを永遠の記憶に刻んでくれるのです。

知性と倫理感を育てるのは困難な時間のかかる仕事です。人はある年齢に到達して初めて、恐れずにものごとを評価し、経験の教えに従って判断し、新しい視点で自分の人生を読み直すことができるようになるのです。

すべての男性も女性もかつては子どもだった時代があります。つい最近まで子どもだった人もいることでしょう。子どもだった私たちにいろいろなことを教えてくれた人々、彼らが私たちにしてくれたこと、彼らが私たちに与えてくれた計り知れない恩恵。そうしたすべてに対する感謝は、与えられたものの大きさに比べれば決して十分ではありません。

人は皆、一日一日、それぞれの思いを持って、一人ひとり違う現実を積み重ねています。私は企業家ですが、人間の尊厳や美を愛し天の創造物を大切に保護したいと考える世界中の賢明な人々と、仕事を離れ、互いの考えや新しいプロジェクトについて語り合うのが大好きです。多分私には自分の真の思いを伝える簡潔で力強い表現力が不足しています。エルネスト・エローは「高潔なるものは言葉を愛し、深遠なるものは沈黙を好む」と書いていますが、これまで経験したことから私に断言できるのは、人の人に対する愛情ほど壮大で永遠のものは絶対に存在しないということです。

世の中には屈辱的な人生の苦しみを子どもに見せないよう苦労し、毎朝仕事に出かけては失意の内に帰宅する日々を繰り返す男性や女性がたくさんいます。彼らは孤独です。私の場合も最良の友人でもある妻フェデリカの一貫した支えと、人生への愛情、そして娘たちの愛情がなければ今の自分は存在していません。

このように、人々が家の外に出て未来の光を感じ取り、長い干ばつの後の慈雨のように喜びが彼らの心を潤してくれることを願います。いかなる人も幸福に生きる権利があります。人生にはたくさんの複雑な課題があり、対処するためにはたくさんの時間と辛抱強い関与が必要ですが、生きることに前向きで行動する意思のある人たちは必ずその課題を乗り越えることができます。

人は誰でも人生を新しい方向に変えることができます。変化は人間にとって極めて自然な現象です。良く変化するにはただ自然に向き合えばよいのです。人間には活用されずに眠っているエネルギーがあり、創り出されるべき新しい仕事はたくさんあり、人生にはまだ経験していない新たな喜びがあります。私は人間には潜在する可能性を引き出す力があると信じています。

あなたの具体的な夢や願いを制限することは正しくありません。誰かが、その計画は無謀だ、もっと堅実に段階を踏んで実行すべきだ、あるいは、それを実行するのは今ではない、と言うのであれば、そんな人々に耳を傾けないようにしてください。彼らはあなたが飛び立つことを妨げようとしているのです。

それゆえ私は、二十一世紀の革命的エンジニアたちからの貴重な贈り物を待ち続け、彼らにこう呼びかけています。一緒に集い、議論しましょう、現在と未来の世代が天から授かった人間性の価値を損なわぬよう、テクノロジーを活用する最良の方法を示して欲しいと。

人間性の価値は、大小に関わりなく、日常生活の中に発見できます。忘れ難いエピソードをお話ししましょう。数年前、仕事でベルギーに向かう電車に乗っていた時のことです。私の隣には小柄で物静かな男性が座っていて、彼はずっと窓の外に視線を向けていました。多分、移民としてこの国にやってきた人々の一人で、残してきた故郷のことを思い浮かべているように見えました。正午になり、彼が結び目のついた布の袋を開けると、そこには半分に切ったパンと数切れのチーズ、そしてワインの小瓶が入っていました。布袋をテーブルクロスのように広げて質素な食事を始めた彼のゆっくりした調和のとれた動きには、何か神秘的なものがありました。食べるという行為の神聖さとそこに秘められた人間の強さ。人間性は自然の可能性や周囲の世界との正しい相互関係にあるということを教えてくれた素晴らしい経験でした。私はその男性に兄弟のような感覚を抱きました。

友情や愛情に排除の概念はありません。同胞意識は宗教や地理や世界観によって分断されません。肌の色などに関係なく、人間はすべて仲間です。同胞意識とはすべての人の目に自分を人間として認めてもらう自由のことです。人間は身体の疲れ以上に精神まで疲れさせる必要はないのです。

老人になってもまだ何か善いことをしたいと目を輝かせ、人生を選択する意思を持っている人々に出会うのは素晴らしいことです。何かをしたいという思いは、好奇心ではなく行動する喜びから生まれます。若者たちは、優しい気持ちで老人に接して欲しいと思いますし、老人は子ども時代の楽しかった思い出を若者に継承して行って欲しいと思います。老人の理想や喜びの記憶は若者が明日の世界を構築するための重要な基礎になるのです。それは中世の大聖堂の建築に似ています。

人間は常に新たな始まり、新たな再生の時にいます。娘たちやその夫を始め、未来を拓く責任を担う若者たちに私は世界中の若者たちと彼らを結びつける理想の何かを見ています。そして彼らの瑞々しい若さが私たちの残した遺産をどのように利用すべきかを理解する賢明さを持ってくれることを願っています。その遺産は私たちが祖先から代々受け継いできたものであり、未来に向けて絶え間なく変化しているものです。父親の言葉がずっと生き続けるのは、揺るぎない精神によって支えられた理想を信じる人間の知恵なのです。

未来を拓く人々がこのことを理解し、粘り強く継承してきた人類の遺産を受け継いで未来の基礎とすることを私は心から願っています。若者たちは受け継いだ遺産の管理人です。祖父として、父として、夫として、企業家として、私は家族から受け取った贈り物である愛をもって人々に問い掛けます。愛情という倫理的遺産は祖父やそれ以前の先人たちから継承されたもので、永遠に年を取ることはありません。先人たちは古代から続く遺産を神聖で神秘的な新しい発芽として私たちに届けてくれているのです。

また若い世代には、自分だけでできることよりもずっと美しく、楽しく、実り多く、それゆえもっと上手に遺産を築く方法をアドバイスしたいと思います。それは、美しいもの、気高いものを敏感に感じ取ること、自然や、風や、小川や、海や、空の奏でる音や人々の声に耳を傾け、宇宙の調和を維持することの重要さを知ることです。老人の話にじっと耳を傾ければ、顔の皺の間に老人が子どもだった頃の記憶を発見して感動することでしょう。両親と対話し、友人の話に耳を傾ければ、互いに共通する喜びや苦しみを理解することができるでしょう。そうして来るべき未来の黄金の果実を手にする準備ができるのです。

若者たちには自分があらゆる創造物の保護者であることを知って欲しいと思います。友人、将来生まれてくる子ども、自然、そして人間が創り出したもの。それらすべてを大切に保護することの価値を知って欲しいと思います。ひとたび保護者として行動すれば、その行為は重荷を背負うことではなく、未来の基礎を築く翼を手にすることなのだと気づくでしょう。そして、それは何より自分自身を豊かにすることでもあるのです。

過去は未来を育む養分であり、その本質において過去には古いものも新しいものもありません。人は限られた時間の中で生きることを学びますが、その時間は幸せになるためのすべてを経験するには十分ではありません。過去と現在の同胞たちの記憶や経験にじっと耳を傾け、その保護者となることによって私たちは良き人生を送ることができるのです。

ダンテを導くベアトリーチェ

14世紀ヴェネツィアの細密画

（ヴェネツィア、国立マルチャーナ図書館）

第

09

章

心の中の揺るぎないもの

CHAPTER 9

Nella parte più certa del cuore

運命の輝きはあなたの胸の中にある

ヘラクレイトス

これまでお話してきたように、多くの人々と同じように私も夢を持っています。その夢は、多くの人々にとっても、私にとっても、遠い祖先たちがやって来た海のように広く、深く、常に新しく、未知の人生によって占められた素晴らしい精神の世界です。その夢は大空のように無限であり、目に届く星々のきらめきは未知なる宇宙の前景に過ぎず、いったいどれだけの数の光がその奥に存在するのか、私たちのような世界が他にも存在するのか、それは誰にもわかりません。

我慢してこの本をお読み頂いた皆さんにはお分かり頂けたと思いますが、私の夢は過去の美しさと未来の美しさをつなぎ合わせることなのです。簡単ではないかもしれませんが、現在のソロメオ村の姿はそれが決してユートピアではないことを示していると思います。ソロメオは、企業と家族を、革新と伝統を、利益と贈り物を、お金と人間の尊厳をつなぎ合わせているのです。

理屈というよりは感覚かもしれませんが、私は人間の強さを頭脳よりも心に求めています。そう考える方が好きですし、実際に心は頭脳よりも強いからです。人間の心は数学では証明不能な結果をもたらし、それを創り出していく力を持っています。

私は人々が都会に密集し始めた時代に生まれ育ちました。子どもの頃は井戸から汲み上げた水と、束ねた薪を燃やした火と、牛と一緒に暮らしました。そして都市の近郊に引っ越した時には料理はガスで調理されるようになり、囲炉裏はテレビに置き換わっていました。新しい世界では製品の多くは人の心や手を使わず、騒々しいドリルや旋盤やカッターなどの自動化された機械で生産され、気づかぬ内に人間同士の距離が遠くなっていましたが、私の生まれた田舎カステル・リゴーネでは、人々は依然として互いの目を見て愛し合い、困った時は助け合い、動作が遅くなりひとりで歩けなくなった老人の世話をしていました。こうした伝統的な価値観や人間関係は近代化が進んでも決して変わらないものだと思います。

今日の私たちは、少なくとも現在までのところ、単なる過ちや、不注意や、性急さによって、大切な価値観のいくつかを見失い、均衡を欠いた不安な時代を生きています。しかし、人間の普遍的な価値観の大切さを知り、それを復興することから未来の社会は必ず恩恵を受けると私は信じています。

これらの価値観は植物の種子を思い出させてくれます。どこかに置き忘れたり、時にもう芽は出ないと思い込んで放っておいてしまっても、ある日芽吹いた緑を見つけることがあります。驚きと感動の瞬間です。この新芽こそが、私たちの子どものそのまた子どもたちの時代に、世紀を超えて生命を育む大きな木陰を広げてくれる大樹に成長するのです。

伝統の価値はここにあります。それは私たち人間の一部であり自然の一部でもあります。私が一番大切にしている節度という概念はここから生まれます。節度を持って行動しその恩恵を享受するには、前例も形式も法律も必要ありません。私たち一人ひとりの心の確かな部分にそのルールが刻まれているからです。

子どもをいつ抱きしめるべきか、困っている人をいつ助けるべきか、私たちはそれを直感的に本能で判断します。食べ物やお金が過剰でないか、祈りや、自省や、行動すべき時はいつか、しばらくひとりでいるべきか、仲間と一緒にいるべきか。私たちはそれを知っています。私たちの仕事が他の人の何かを横取りし、私たちから何かを奪い取っている時、心の確かな部分がそれを教えてくれます。愛するものを守ることを怠った時、美しい言葉を伝えられなかった時、悪意ある言葉を抑えられずに発してしまった時、怒りに支配されることが正しいかどうかも、心の確かな部分が教えてくれます。人を信じ、未来の美しさを信じるだけで十分なのです。

今日まで私は、今世紀の人として生き、同時に精神的な人間として生き、勇気と節度を持ち、自分の感じることを大切に行動しようと努めてきました。大人になってからは、人間にとって良いことを実現し、仕事においては直接的にも間接的にも、たとえわずかでも、天の創造物である自然や環境を傷つけず、それを守ることに意を注いできました。

果たして自分が描いた夢の通りに実現できたかどうか、それは分かりません。できることならこれまで授かった時間やこれから残された時間よりももっと多くの時間が欲しいと思います。しかしそんな時は、敬愛する古代皇帝マルクス・アウレリウスの言葉が浮かんできます。人の一生を芝居に例えて、彼は「自省録」の最後を締めくくりました。

「人生は三幕あれば十分である」。

私はこの魂の救済の言葉に深く癒されます。私の時間を授けてくれた人は私の行いを定めた人でもある。自分に与えられた時間も、自分の行いも、自分だけの所有物ではない。ストア派の偉大な哲人皇帝はそのことを教えてくれています。

私がこれからも生き、行動し、心穏やかに退出する準備ができている理由はここにあります。その「私以外の誰か」は、私が退出すべき時を静かに優しく告げてくれるでしょう。

音楽の寓意

14世紀イタリアのセウェリヌス・ボエティウス著『音楽綱要』
細密画からの装飾画
（ナポリ、ヴィットリオ・エマヌエレ三世国立図書館）

第 10 章

日々の印象

CHAPTER 10
Impressioni quotidiane

日々の生活の中で美しく思い印象に残った事柄を書き溜めたノートの一部をここに書き記します。この記録はただ私の心にひたすら忠実に、その時々に感じたことを順不同に書き記したもので、ただ沸き起こる感動をつづったものです。

哲学は人々の魂を形成し、生き方を律し、行動を統治する。哲学なきところに平和はないと私は信じる。

ここ数日、社員たちと二回のミーティングを行ったが、彼らがますます人間主義について語る必要性を感じ、人間主義に共感する仲間を増やしたいと考えていることを実感した。

美しい言葉と出会った。「心ある小道だけ、私は進む」。

愛は最も古い神である。

神聖ローマ皇帝フリードリヒ二世の物語を読み、すべてに前向きな感性を保つというこの皇帝の偉大な資質に感銘を受けた。

神聖ローマ皇帝フリードリヒ二世の願いは、憲法によって彼の民に倫理的に生きる喜びを伝え、正義を擁護するルールを示すことであった。

親しい友人のカロジェロから素敵な手紙を受け取った。そこには「労働は人間の精神を高みに導く」と書かれてあった。労働は人間のためにあるという思想は、人生の道標となるものである。

揺るぎない厳正な精神、高貴、先見性、知恵、調和、自由、尊厳。これらを以て最高の善を成すのは何と喜ばしいことだろう。

ソクラテスは「あらゆる敬虔なるものは正義である」と言う。その見事な精神に私は魅了される。

聖ベネディクトの戒律を注意深く読み直している。とても厳格だが、精密で純粋である。

着想の力は計り知れない。思念はそれを現実に適用することよりも、思念すること自体により高い価値があると私は確信する。

人生と仕事に対する姿勢、困難な状況に対処する時の落ち着き。私はそんな娘のカミラが大好きだ。

家族や身近な人々との絆が強い人は幸せである。彼らは孤独を恐れない。

今日、私は自分の書棚を片付けながら考えた。あらゆるものが本来あるべき場所にあり、それ以外の場所に置かれないことがいかに価値あることかを。

ガンジーの非暴力の思想に出会った時は、人間主義を目指す私の道程の重要な瞬間であった。

喜びは心の安らぎから生まれる。

ソロメオの広場を「平和の広場」と呼ぼうと思った。このアイデアはとても感動的であり、私の心を静けさで満たしてくれる。

ゲーテの言葉は偉大で魅力的である。「永遠の中にあっても進歩は素晴らしい」。

ゲーテは晩年、「私は年を取り過ぎた。ただ真実の探求を例外として」と言った。何と素晴らしい感動的な言葉であろうか。

私は今、大きな喜びとともにヘラクレイトスの思想を学んでいる。彼の作品を読んで、ハイデッガーの「哲学は生まれながらにして偉大である」という主張を理解した。

有用な人は例外なく幸せな人であるということを、私は経験から確信している。

セネカは、思想は永遠で、腐敗せず、個別の事象よりも現実を映し、どこか別の国の一部、天空の彼方、善の概念の世界を構成すると書いている。私は彼の言葉が大好きだ。

会社が高い評価を得たこの特別な一年を、庇護者である聖ベネディクト、聖フランチェスコ、ドン・アルベルト司教、そして母への思いを込めて締めくくりたい。

共感と優しさと愛情は、人間という現象の最高のものである。

ショーペンハウエル曰く、哲学は逆境に立ち向かう強さを与え、存在の痛みを和らげる。

私が暖炉の前のソファで本を読んでいる横で、カロリーナは衣服の小物をデザインし、裁断し、縫製し、梱包している。とても愛しい優しい光景だと思う。

娘のミケーラを亡くしたピノ、妻のカティアを亡くしたチャッチョ。二人の親しい友人に起きた不幸な出来事について考えた。昨日の年次総会は悲しみに包まれ、会社にとってつらい経験だった。運命は私たちを試したのである。しかし私たちは、より強くなってそこを抜け出した。

セネカ曰く、「可能な限り哲学に没入せよ。哲学は汝の胎内で汝を守り、その聖なる領域で汝は確固となり、さらに確固たるものとなる」。

魂の内なる平穏こそが永遠に持続するものであり、幸福であるために不可欠なものであると私は主張し続けた。

企業のオーナーと社員の新しい関係が必要である。芸術の父であり匠である我々イタリア人は、現代の労働のあるべき姿のために多くのことができると思う。

感動的な激動の一週間だった。孫娘ヴィットリアの誕生、カヴァリエレ・デル・ラヴォーロの高貴な栄誉、人間関係の哲学と倫理の名誉学位。

「千夜一夜物語」を読み始めた。神秘的で遊び心のある中東の世界の美しい精神が詩的に表現されている。

マルクス・アウレリウス帝に感謝する。彼を取り巻く困難、厳格さ、魂の静けさを乱す人生の過酷さ、天が与えた社会的義務への自覚に対して。彼の自省の中には、時に平和と忘却、天の聖なる道理からの逃避の思いが、憂いを伴って現れる。

ソロメオの自宅で過ごす一年の最後の日。空は晴れ渡り、深い思索と高い精神性の中でこの一年とこれまでの歩みを省みている。

「後世の人々の利益」の番人となる。それはとても楽しい想像である。

ボエティウスのこの言葉は何と愛らしいことだろう。
——壮大で頑強な肉体は力強さを授けてくれる。
——美と機敏さは名声の基である。
——健康は人生を快適にする。

賢者は許さない。賢者は罪人に優しく、罪人が立ち直ることを支援し、罪人を正し、もし許す場合はそれによって自分が為すべきことを行う。しかし賢者は許さない。許すことは彼の義務であった何かに目を瞑ったことを認めることになるからである。

マッシモと会い、村外れの古い工場を新しい工場に修復する計画を話し合った。その計画を話し合う中で、彼は、古代の芸術に傾倒しているとしても、現代美術にも興味を持つと良いと私に進言した。

ハドリアヌス帝は考えた。「私を納得せしめなかった明確な説明、私を魅了し得なかった優しさ、私をより善きものと成し得なかった楽しみは、かつて存在したことはない」。

ものごとを明解に迅速に進めるために、裏表のないビジネスが私は好きだ。

セネカ曰く「両目よりも信頼でき、真贋を正しく見分けてくれる道具を私は持っている。心である」。

最近特に緊張の日々が続く中で、セネカとソクラテスの思索が大きな力と安定を与えてくれている。

アッシジに行き聖フランチェスコを訪ねてきた。今回もまた、常に魂の意思に従って行動できるよう、導きと助けを求めた。

人生の基礎のすべてが道理に根差している人は幸せである。

ジャコモ・レオパルディの言葉に魅了された。「人は自らを経験する前に人間にはなり得ない」。

私は神話の中に、人間とその土地への魅惑的な愛を発見する。

ニーチェと同様に、神話を破壊しない物語が私は好きである。

真の人間主義者たちが、毎年、公的に集い、倫理や、道徳や、勇気や、愛や、美や、幸福などの話題を話し合う場所にソロメオをしたいと思う。

コレクションはとても順調に進んでいる。私たちが自らを定義付けた、倫理的で、軽快で、上品なラグジュアリーというコンセプトは、ますます受け入れられている。ルネッサンス精神を体現する本物の人物、パスカルとロッテルダムのエラスムスの思想を学び、大きな感動を覚えている。

今朝マッシモと一緒に作品を見て、私たちの仕事は理性よりも感性が生み出したものだと思った。いや、それ以上だ。理性に支えられた感性が生み出したものである。

アリストテレスは言う。「他方で、権力、富、強さ、美しさなどの財も重要である。これらの財を善人は良く使い、悪人は悪しく使う」。

今夜私はぐっすりと眠り込む孫娘たちにおやすみを言いに行った。彼女たちの毛布を掛け直しながら考えた。幸せは家から生まれる。

ジョン・ラスキンの言葉「自分を犠牲にする時を知らない者は、どう生きるかを知らない者である」は真実であり魅力的である。

フィレンツェの「孤児たちの病院（Spedale degli Innocenti）」の外壁にこう記されている。「この場所は、四世紀に渡り、孤児たちを受け入れてきた回転扉となり、罪と貧困からの避難所となり、救いを求める者たちに門戸を開き続けた」。心を打たれる言葉である。

ルソーの言葉。確かに、不適合で、落ち着きがなく、個人主義で、啓蒙的である。しかし多くの点でロマン主義の先駆けである。

エルサレムへの旅から戻った。精神性と魅惑に満ちたこの場所は「神の街」である。

武士の思想をたどると、彼らは、忠誠心、強さ、そして細かな目配りの重要性を信じる人々だった。

人間の気高さについてよく考える。アレクサンダー・ポープはそれを美しい言葉で表現した。「誠実な人は神の最も高貴な作品である」。

プラトンは、アイロニーを、プライバシーと尊厳を保つためのコミュニケーション戦略のひとつと考えていた。

ソクラテスの考えは非常に現代的である。「アテナイ人にアモンの神はこう言った。ラケダイモンの敬虔なる自制はすべてのギリシャ人の犠牲よりも喜ばしい」(プラトン、小アルキビアデス)。

孔子の教えは魅力的である。「吾十有五にして学に志す。三十にして立つ。四十にして惑はず。五十にして天命を知る。六十にして耳順《したが》ふ。七十にして心の欲する所に従へども矩《のり》を踰《こ》えず」。

数日前に受賞したカヴァリエーレ・ディ・グランクローチェ（大十字騎士勲章）への感謝と喜びの気持ちとともに、小さなペネロペと一緒に日曜の午後を過ごした。

アインシュタインは言っている。「合理的精神は神の贈り物であり、合理的思考はそのしもべである。しかし現代は、しもべを愛し、贈り物を軽視している」。見事な表現だ。

建築の本質についてマッシモと話し合うのは楽しい。過去の偉大な建築家は偉大なモラリストであり、あらゆる人々の期待と願望に寄り添って偉大な精神を形にした、という点で私たちの意見は一致した。

考えている夢がもうひとつある。ソクラテス、スティーブ・ジョブズ、キリスト、レオナルド・ダ・ヴィンチについて話し合うために、「最後の晩餐」の絵のように自宅にゲストを招くことである。

「人生という芸術を理解すれば、美しいものはすべて必要なものである、ということが最後にわかるだろう」。ジョン・ラスキンの知性は本当に素晴らしい。

セネカの思索は何と魅力的だろう。「賢者は常に攻撃に対して立ち向かう準備ができている。貧困、悲しみ、汚名に襲われても彼は後退しない。恐れることなくそれらに向かい、それらの真っただ中に進んでいくのである」。

訳者あとがき

世界で一番美しい会社に学ぶ、資本主義の使い方

2019年5月、イタリア中部ウンブリア州のソロメオ村で、ある集会がひっそりと開催されました。

この村に本社を置く高級カシミヤ製品メーカーの創業者、ブルネロ・クチネリ氏を囲む三日間の対話集会に集まったのは、アマゾン・ドット・コムのジェフ・ベゾス氏を始め、ツイッター、セールスフォース、リンクトイン、ドロップボックスなど、アメリカのシリコンバレーからやって来た、名だたるIT企業の創業者や

CEOなど十六名でした。

クチネリ氏が「西暦三千年紀のレオナルド・ダ・ヴィンチたち」と呼ぶこれら天才IT企業家たちは、いったい何を目的に、はるばるアメリカから、人口わずか五百名に満たないイタリアの小さな村に集まったのでしょうか。

そこで交わされた会話の詳細は明らかではありませんが、この本をお読み頂いた皆さんには概ね想像がつくことでしょう。クチネリ氏はこう語り掛けたに違いありません。

「あなたたちが駆使するテクノロジー、あなたたちが創り出した事業、あなたたちが経営する会社を、現在から未来のすべての人々の尊厳のために、上手に使ってください。未来が明るいものになるかどうかは、皆さんの考えと行動に委ねられています」。

二十一世紀のダ・ヴィンチたちがその問い掛けにどう答えたか、イタリアの小さな村で過ごした三日間とそこで交わされた会話が、彼らの心にどのような示唆を与えたのか、興味は尽きません。

ブルネロ・クチネリ社は、鮮やかな色合いを特徴とするカシミヤセーターのメーカーとして1978年に誕生しました。現在は、紳士服、婦人服、子供服から雑貨・アクセサリーまでを総合的に展開する世界最高級のアパレル企業に成長し、メイド・イン・イタリーにこだわって生産される製品は全世界の百三十七店舗で販売されています。

2012年にミラノ証券取引所に上場し、2019年の売上は六億八百万ユーロ（日本円換算七百七十億円）、営業利益は八千三百万ユーロ（同百五億円）、営業キャッシュフローは一億一千五百万ユーロ（同百四十五億円）と見事な業績を上げ続けており、財務内容も盤石です。

消費者の嗜好やライフスタイルが変化し、世界中のアパレル企業が大幅な減収や事業撤退を迫られている中で、とびきり高級な洋服を人件費の高いイタリア国内で生産するクチネリ社が、なぜこのような素晴らしい業績を上げることができるのでしょうか。

しかも、この会社は創業当初から「人間の尊厳を守ること」を経営の目標に掲げ、ブルーカラーとホワイトカラーの区別なく世間水準を上回る給与を支給し、会社の収益は若者に技術を身に付けさせるための有給で無償の職人学校の運営や、劇場、図書館、公園、農園など、村の文化や自然環境の整備に投資しているのです。

こんなに強く美しい会社が世の中に存在する。

以前からブルネロ・クチネリという会社の名前は知っていましたが、ふとしたきっかけでホームページを見た私は同社の経営に強い関心を持ち、知り合いのつてをたどってブルネロ・クチネリ・ジャパン社にアポイントをお願いしました。二年前のことでした。

その当時、私は、前の会社の仕事仲間とＨＯＰ株式会社という小さな会社を立ち上げ、ベンチャー企業や世代交代期を迎えた企業の経営基盤づくりと、人事の寺子屋という人と組織の経営を学ぶ草の根運動のような活動を開始したばかりでした。

長い間ビジネスの世界に身を置き、大企業からスタートアップまで数々の企業と関わってきましたが、ある頃から、多くの経営者や会社が何か違う方向に向かい始めたという違和感を覚えていました。

経営者は時価総額や規模の拡大に走り、環境を破壊しても見て見ぬふりをし、会社の中では不祥事やハラスメントが後を絶たず、そして市場経済の仕組みはごく一部の投資家や経営者への富の集中に歯止めをかけられなくなっていました。かつて一般社員の二十倍と言われたCEOの報酬は、うなぎ上りに上昇し、数百倍に広がっていきました。それは世界で同時進行した現象でした。

何か変だ。気持ちが悪い。世の中の大きな流れを変えることはできないにしても、例え一社でも、どんな小さな会社でも、心ある経営者と一緒に「美しい」と感じられる会社を増やしたい。そう考えていた時に知ったのがクチネリ社の経営哲学でした。

この会社をぜひこの目で見てみたい。

見も知らぬ私の唐突なお願いを、ブルネロ クチネリジャパンのPRマネージャー、遠藤さんは快く引き受けてくださり、2019年11月の秋深まる季節に念願のソロメオ訪問が実現しました。日本から同行したのは、HOPの共同代表の畑さんと、那須高原でおいしいチーズケーキを製造販売するチーズガーデンの創業者で尊敬する経営者の手塚さんでした。

前夜の激しい雨も上がり、丘の上の古城から眺めるソロメオ村はしっとりと湿った空気に包まれ、その静かな佇まいと美しい景観は、クチネリ社がこの村にもたらしている有形無形の価値の大きさを強く感じさせるものでした。

クチネリ社の二人の若い社員、シモーネさんとジュリアさんの先導で、丘の上の古城に隣接する職人学校、劇場、図書館、平和の広場を順番に見学し、そこここの石壁に掲げられた銘板の哲人・賢人たちの言葉をたどった後、平野部に下りて整備が始まって間もないぶどう畑やオリーブ畑、ワイナリー、人間の尊厳を謳うアーチ形の記念碑を囲む公園を巡り、最後に本社のオフィス、工場、社員食堂を見学しました。それは、物理的にも、精神的にも、管理面でも、私たちの想像をはるかに上回る、小宇宙のように美しい環境でした。

人間が丁寧に手を入れて整備した自然の景観、若者に誇りを与え手仕事の価値を継承する職人学校、村人の雇用を生み出すワイン造りと環境整備を兼ねたぶどう畑、村の生活を豊かにする劇場や哲学の公園、光が差し込み、風が通り抜け、ゆったりした空間が確保された明るいオフィス、糸くずひとつ落ちていない清潔な工場、そして賑やかに楽しい会話が弾む昼休みの社員食堂。何より深く感動したのは、すれ違う社員一人ひとりの明るくキラキラした表情でした。

経営者の思想と行動次第で会社はこんなに美しくなれる。そのことを実際に自分の目で確認できたのは大変貴重な体験でした。

「でも、会社の中にはたくさんのルールがあるんです」。

とても自由な雰囲気ですね、という私たちの問いかけに、ジュリアさんはそう答えました。社員食堂の席は入社時から決まっていて、夕方五時半以降はメールをしてはいけない、昼休みはきちんと休憩を取りなさい。そうしたルールのひとつひとつをクチネリ氏自身が決めているとのことでした。

人間の集団にはルールが必要であり、ルールが保たれることによって一人ひとりの自由が守られる。経営者は、会社という集団の中で、社員たちの自由を守る役割を負っている。クチネリ氏はそう考えていろいろなルールを設けているのだと思います。

クチネリ氏の社員と会社への愛情と、社員の会社に寄せる信頼の厚さを感じさせる微笑ましいエピソードでした。


クチネリ社と世の中の多くの会社は何が違うのか、クチネリ社の魅力と社会に与える価値の大きさをどのようにしたらうまく伝えることができるか。ソロメオから日本に戻り、しばらくずっとそのことを考えていました。

世の中の大多数の会社が考えていることは、商品やサービス、つまり事業を通じて社会に価値を提供するということです。場合によっては、お金を稼ぐこと自体が社会貢献であると考えている経営者もいます。

前者の場合は、会社の価値を測る尺度は自社の商品・サービスがいかに多くの人に使われているかであり、売上の規模でそれを証明しようという考えに向かいます。後者の場合は、いかにたくさんのお金を稼いだか、すなわち内部留保や時価総額が評価の基準となり、時には複雑な金融の手法を使ってでも会社を大きく見せようという方向に向かいます。

優秀な経営者とは事業を大きくした経営者であり、お金を増やした経営者であるという考えに、誰も疑問を感じなくなります。

クチネリ社が世の中に提供している価値は、最高級のカシミヤコレクションという商品自体ではなく、稼いだお金の大きさでもありません。クチネリ社は事業やお金とはもうひとつ別の指標である「経営」という行為によって、世の中に価値を提供しているのです。

クチネリ氏の考える経営とは、物を作って、売って、お金を稼ぐことではなく、人間と、自然と、過去から授かり未来に引き継ぐべき資産を大切に保護し管理することなのです。それは、彼が自らを、保護者、管理人、或いは番人と言っていることで明らかです。

経営とは、会社の所有する資産を取り扱う仕事ではなく、人間と会社の所属する世界、自分と自分以外のあらゆるもの、家族や友人や見も知らぬ他人、亡くなった人たちやこれから生まれてくる人たち、動物や植物や水や空気、人間に創り出せるものも創り出せないものも、時間も空間も超えたあらゆるものと対話し、そのものの関係を測り、関係をバランスよく管理し、保護し、育んでいくことなのです。取引や交換ではなく、与えることによって、関係を保護し管理することによって、価値を生み出すのです。

「多くの人に役立つ者が生きる」というセネカの言葉の通り、クチネリ社が世間一般の会社とは異質の大きな価値を生み出しているのは、「贈与」という経営の価値の本質を知り、それを実践しているからだと思います。

それは、イタリアの片田舎の小さな村から、世界で最も高級なプレタポルテが生み出される理由でもあります。従業員に高い給与を払い、売上に繋がらない村や自然の環境に投資しながら、高い収益を上げ続けられる理由もここにあります。

贈与を続けることによって収益を上げる。それは、通常の経営学や経済理論では説明できないパラドックスです。機械化で標準化や効率化を図り規模の利益を追うのではなく、人間の手仕事の価値を磨き、人間が暮らす土地や自然環境に投資することによって、手仕事の価値を更に高めて行く。ブルネロ・クチネリのブランドの強みは、贈与が収益を産み、収益を贈与に振り当てる、その循環が見事に成立している点にあります。

職人学校の設立という構想も同じ考えから生まれており、こうした骨太の思想と哲学を抽象の世界に終わらせず、製品の付加価値につなげているところにクチネリ社が世界中で強固な支持層を獲得している理由があります。他社には一朝一夕では真似のできないクチネリ社の凄みです。

美しい会社であることは世の中にどんな意味を与えるのでしょうか。その答えの糸口は、やはり、ありとあらゆるものと自分との関係を知るということにあります。

自分を相対化し、自分以外のすべてのものに謙虚に向き合う、自分を絶対視しない、独善に陥らない、客観的に距離を置いて自分を観る。こうした行いは知性や教養という概念とほとんど同義でもあり、美しさは、小さな自分を森羅万象の関係の中に置き、それぞれの関係に適切な均衡を創り出すことによって生まれます。

そう考えると、この30年あまり世の中の会社は逆の方向に突っ走ってきたように感じられてなりません。グローバリゼーションと市場経済化によって、富の集中と格差の拡大、環境汚染、ハラスメントなど、美しくない現象が世界中に蔓延しましたが、経営という行為の価値をもう一度掘り下げることによって、会社を測る物差しに美しさという視点を加えることによって、世の中を大きく変えることができる。その考えが決して絵空事ではないことを、クチネリ社は自社の活動と実践を通じて教えてくれています。

帰国から少しして、私の頭に浮かんだのは、「資本主義の使い方」という問い掛けでした。

資本主義はただの道具に過ぎないのに、世の中が変な方向に進んでしまったことに不安になった人々から、ここ数年、社会が悪くなったのは資本主義のせいだ、資本主義は見直すべきだ、資本主義は終わった、という声が聞こえてきます。しかし、資本主義や市場経済は、民主主義や自由・人権といった人間存在の根幹にかかわる価値観とは全く別のものであり、ただの道具に過ぎません。その道具をどう使うかは人間に委ねられているのです。

かつての冷戦の時代の社会主義という牽制機能がなくなり、同時に勃興したグローバリゼーションとＩＴ革命や金融工学の発展に背中を押され、ふと気づいた時に資本主義と市場の暴走が始まっていました。しかし、高性能のフェラーリがスピードを出し過ぎて事故を起こしたとしても、悪いのは車ではなくそれを運転していた人間です。

資本主義や市場経済という仕組みも、そしてITや金融のテクノロジーも、ただの道具であるという点ではすべて同じです。必要なのは道具を捨てることではなく、それを使いこなす人間の知恵なのです。

クチネリ氏はその知恵を、古代ギリシャからローマ帝国、ルネッサンスから産業革命まで、様々な人間の歴史と数々の哲人・賢人の言葉から、そして幼年時代の自然と一体化した生活や、両親、親戚との愛情あふれる触れ合いから学んできました。この本には、そうした温かく懐かしい記憶の数々が綴られています。

本書は一見すると、成功した風変わりな経営者の回顧録のように見えるかもしれませんが、格差の拡大や差別、環境問題など、現代社会の根深い歪を是正するヒントや、社会を良くするために企業や経営者が果たすべき責任について、たくさんの貴重な気づきがちりばめられています。

会社は重要な社会の構成要素であり、経済価値以上の何か、言い換えれば「非経済価値」を提供する役割を社会に対して担っているのです。人間の知恵と経営者の行動によって、もっと良い社会が実現できるということを、ソロメオ村とブルネロ・クチネリ社という現実の存在が証明しているのです。

ビジネスの世界で働くことで世の中を今より良いものに変えていきたい。そう考える有意の経営者、企業で働く人々、そしてこれから社会に出る若者たちが、この本を読んでビジネスと経営について学び、ひとつでもふたつでも良い会社、美しい会社を創り出していって頂けたら、これほど嬉しいことはありません。そんな一つひとつの小さな会社の活動が、世界を覆う様々な歪を治癒し、社会をもう一度良い方向に変えていく流れにつなげていくと確信します。

最後に、日本語版の出版に当たり、クチネリ社への訪問を快くアレンジして頂いたブルネロ クチネリジャパンの遠藤さん、代表の宮川さん、版権の取得と本書の出版に尽力いただいたクロスメディアグループ代表の小早川さん、パメラさん、

ＨＯＰの畑さん、チーズガーデンの手塚さん、そして、いつも陰ながら支えてくれる妻と娘たちと本書の訳出に温かいご支援を頂いたたくさんの友人たちに、心から感謝申し上げます。

[訳者略歴]

岩崎春夫（いわさき・はるお）ＨＯＰ株式会社 代表取締役ＣＯＯ

１９７９年三井物産に入社。35年にわたり、繊維製品の輸入・国内営業、事業投資、大型投資案件の審査、内部監査等の業務に従事。この間、香港子会社社長、イタリア三井物産社長、在イタリア日本商工会議所会頭、内部監査部検査役等を歴任。２０１４年、老舗の中堅企業寺田倉庫に移り、常務取締役ＣＯＯとして同社の変革に当たった後、２０１８年に元同僚の畑とＨＯＰ株式会社を設立。「強く美しい会社を創る」を目標にベンチャー企業や世代交代期を迎えた企業を対象とする人と組織の基盤作りを行う他、人事と経営の本質を学ぶ学校「人事の寺子屋」を運営するなど、これからの社会に相応しい価値を提供する企業と人材作りに取り組んでいる。

176ページ
マーキュリー神の影響下の職業
デスファエラのレオナルド・ダティの細密画、1470年（エステンセ図書館、モデナ）

206ページ
田舎の舞踏会、羊飼いたちへの告知
シャルル・ドルレアン（1460-1496）とロビネ・テスタールの時祷書（Libro delle ore）より、1480（パリ、フランス国立図書館）

216ページ
聖ヒルデガルドと宇宙の中心にいる人間
（ルッカ、国立図書館）

228ページ
ダンテを導くベアトリーチェ
14世紀ヴェネツィアの細密画（ヴェネツィア、国立マルチャーナ図書館）

236ページ
音楽の寓意
14世紀イタリアのセウェリヌス・ボエティウス著『音楽綱要』細密画からの装飾画（ナポリ、ヴィットリオ・エマヌエレ三世国立図書館）

〈図版目次〉

［著者略歴］

ブルネロ・クチネリ（Brunello Cucinelli）

1953年カステル・リゴーネ（ペルージャ市）の農家に生まれる。1978年カシミヤを染める小さな会社を設立し、当初から「経済的倫理的な側面における人間の尊厳」を守る労働という理想を掲げる。1982年以来、ソロメオ村は彼の夢を実現する場所となり、人文主義者として、また企業家として、数多くの成功を生みだす工房となる。3年後、クチネリは村の崩れかけた城を買取り、そこに彼の会社を置く。2000年会社の成長に伴う生産施設増設のためにソロメオ村近郊の工場を買取り、改修。情熱を持ってソロメオ村の修復に取り組み、文化と美と出会いに捧げる「学芸の広場」を建設する。2012年ミラノ証券取引所に上場。同年ソロメオ村に「職人工芸学校」創設。その「人間主義的資本主義」によりイタリア国内外から数々の勲章や権威ある賞を受けている。イタリア共和国労働騎士勲章、ペルージャ大学哲学・人間関係倫理学名誉学位、キール世界経済研究所経済賞、イタリア共和国大十字騎士勲章など。

人間《にんげん》主義《しゅぎ》的《てき》経営《けいえい》

2021年　4月　1日　初版発行
2024年　5月　27日　第4刷発行

発行　株式会社クロスメディア・パブリッシング
発行者　小早川 幸一郎
〒151-0051　東京都渋谷区千駄ヶ谷4-20-3 東栄神宮外苑ビル
https://www.cm-publishing.co.jp
■本の内容に関するお問い合わせ先 ……………………TEL (03) 5413-3140 ／ FAX (03) 5413-3141

発売　株式会社インプレス
〒101-0051　東京都千代田区神田神保町一丁目105番地
■乱丁本・落丁本などのお問い合わせ先……………………………………………FAX (03) 6837-5023
service@impress.co.jp
※古書店で購入されたものについてはお取り替えできません

カバー・本文デザイン　金澤浩二
監修　マッシモ・デ＝ヴィーコ・ファッラーニ
DTP　内山瑠希乃
印刷・製本　中央精版印刷株式会社
ISBN　978-4-295-40529-0　C2034